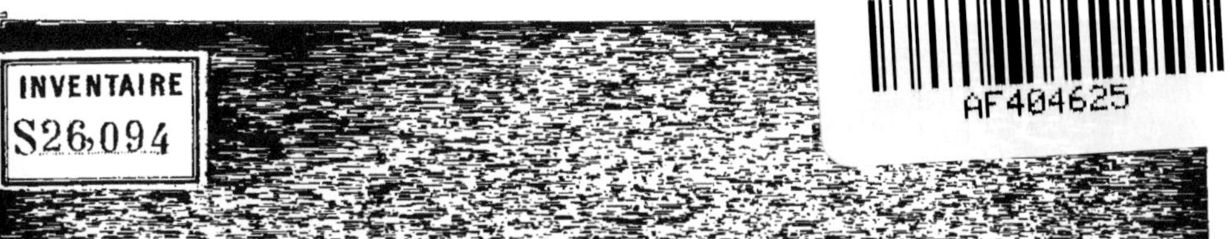

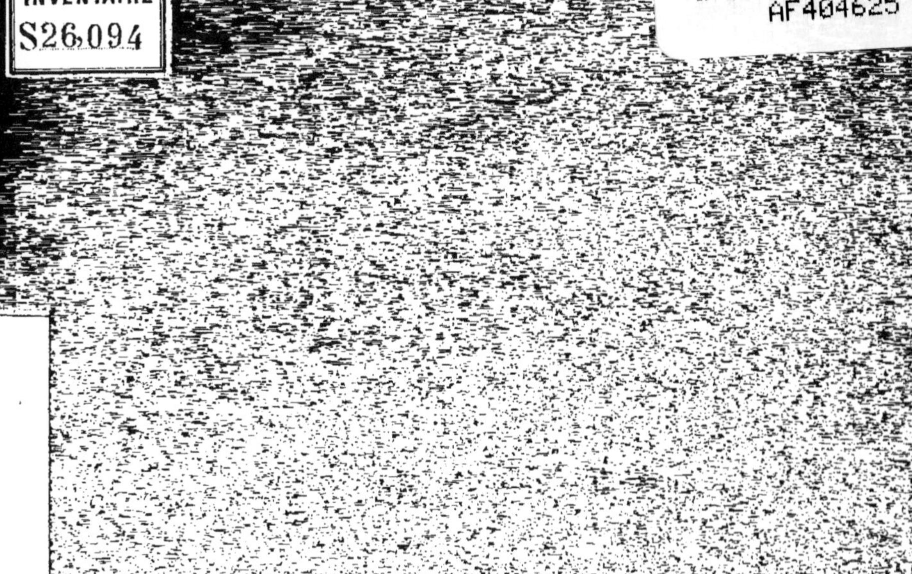

5

2609/4

FRAGMENTS ZOOLOGIQUES

(Nᵒˢ I et II)

Nº I.

QUESTIONS OBSCURES

RELATIVES A

L'HYDRACTINIA ECHINATA Flem.

ET A

L'ALCYONIUM DOMUNCULA Lamk.

TOUS DEUX LOGEURS DE PAGURES

Nº II.

NOTES SPÉCIFIQUES

SUR LE

Genre POLIA d'Orbigny

(SOLÉNACÉES)

Par M. Charles DES MOULINS,

COMMANDEUR DE L'ORDRE PONTIFICAL (CLASSE CIVILE) DE St-GRÉGOIRE-LE-GRAND,
Officier d'Académie, Président de la Société Linnéenne de Bordeaux,
Sous-Directeur de l'Institut des Provinces pour le S.-O., Membre de l'Académie des Sciences, Belles-Lettres
et Arts de Bordeaux

(Extrait des ACTES de la Société Linnéenne de Bordeaux, t. XXVIII, 3e liv. 1872.)

BORDEAUX

CHEZ CODERC ET DEGRÉTEAU,

(Maison LAFARGUE)
28, Rue du Pas Saint-Georges, 28.

1872

QUESTIONS OBSCURES

RELATIVES A

L'HYDRACTINIA ECHINATA Flem.

ET A

L'ALCYONIUM DOMUNCULA Lamk.

TOUS DEUX LOGEURS DE PAGURES.

§ I. — HYDRACTINIES.

Il y a des choses qui, pour être passablement vieilles dans la science, ne laissent pas d'être susceptibles d'un certain intérêt de nouveauté lorsque, longtemps observées d'une manière incomplète, puis longtemps encore à-peu-près oubliées, elles finissent un jour par être ramenées à la lumière, à l'occasion de quelque circonstance qui n'est ni cherchée ni même prévue, mais qui se rencontre inopinément, accompagnée d'accessoires favorables à une étude nouvelle.

Tel est le sujet de la présente Note, dont mon ignorance dans les trois spécialités auxquelles elle se rattache, ne devait assurément pas me ménager l'honneur d'y faire connaître quelque document *nouveau*; mais si nous n'avons en ce moment parmi nos collègues linnéens, aucun *spécialiste* en actinologie et en carcinologie, nous avons du moins à notre portée quelques livres, et je me trouve amené fortuitement à puiser dans ceux-ci quelques fruits, non de ma propre science, du moins de la science d'autrui; et je ne suis pas tout-à-fait le premier qui ait usé de ce moyen commode pour se donner l'avantage d'adresser la parole au public scientifique.

En 1824, je fis un voyage à La Rochelle, et j'en rapportai quelques exemplaires roulés et desséchés parmi les galets de la plage, d'une production (végétale ou animale? je l'ignorais) qui m'était totalement inconnue et qui, moulée et enveloppante sur des coquilles univalves vulgaires de nos côtes, servait (qu'on veuille bien me passer cette expression familière) de *double paletot* à des Bernard-l'Hermite. Cette production, sans être épineuse comme un marron d'Inde, était loin pourtant d'être douce au toucher : elle était hérissée de sortes de papilles ou plutôt de petits tubes desséchés, d'une couleur brune-jaunâtre ou noirâtre ou verdâtre ; elle se prolongeait en dehors de l'ouverture de la coquille, en manière d'étui corné, solide, *lisse et poli en dedans*, formant une sorte de vestibule proportionnellement spacieux et qui devait loger fort commodément les *bras* et les *mains* du Pagure devenu probablement trop gros pour rentrer en entier dans le test qui lui servait de logement. Personne, et même mon ami Rang qui se trouvait alors à La Rochelle, personne ne put me donner le nom précis de cette production.

Il ne tarda pourtant pas à me devenir connu, du moins sous toutes les réserves que m'imposait mon manque d'études *spéciales ;* et je dus n'inscrire que sous le bénéfice du point d'interrogation, faute d'une rédaction plus développée de l'article n° 343 d'un recueil alors tout nouveau (*Bulletin des Sciences naturelles et de Géologie* du Baron de Férussac, t. I, p. 280, mars 1824) la détermination tirée de l'analyse d'une publication alors récente, qui jamais depuis n'a passé en nature sous mes yeux : *Description de quelques nouveaux mollusques et zoophytes,* par le doct. A. W. *Otto*, avec 5 planches (*in* Nov. Act. Acad. Cœs. Leop. Car. Nat. Curios., t. II, part. 2, p. 273) :

« ..... 6° *Actinia carciniopados ;* cette actinie enveloppe les coquilles » marines et forme autour de leur ouverture une prolongation (*sic, un* » *prolongement* eût été mieux dit) plus ou moins considérable, et ce qui » est remarquable et que nous avons eu souvent occasion d'observer, » elle semble ne s'attacher qu'aux coquilles habitées par les pagures. » — Le doute *scientifique* devait encore subsister, mais le doute *moral* n'avait plus de raison d'être pour moi.

Cette indication si précise du Bulletin de Férussac avait été précédée par une indication beaucoup plus vague ; car Defrance, dès 1816, en décrivant son *Alcyon parasite* (*A. parasitus*), fossile du Plaisantin, dans le *Supplément,* p. 109, n° 11, du t. I du *Dictionnaire des Sciences naturelles,* (Levrault à Strasbourg, Le Normand à Paris, éditeurs) avait ajouté ces lignes : « On trouve dans le commerce des coquilles univalves » non fossiles qui sont recouvertes d'un alcyon semblable à l'alcyon » *parasite.* L'ouverture de ces coquilles se trouve très-souvent prolongée » par lui d'une forme triangulaire. On ne savait à quoi attribuer cette » forme singulière ; mais je ne doute pas qu'elle ne provienne de l'oc- » cupation de la coquille par un pagure, pendant la vie de l'alcyon. »

— C'est vers 1830 que je recueillis cette indication : j'y inscrivis aussi dans ma collection, le point d'interrogation ; mais le nom spécifique *parasitus*, appliqué à une espèce *fossile* à moi inconnue, ne pouvait me permettre de l'étendre à une espèce *vivante* bien que parasite elle-même, et je ne le conservai que comme synonyme (mais qui dès-lors ne parut plus certain que jamais) de l'*Actinia carciniopados* d'Otto.

Ce dernier nom, néanmoins, continua à passer inaperçu dans la science en France, car Defrance, en 1825, à l'article *Pagure (Fossil.)*, dans le t. XXXVII, p. 233 du même *Dictionnaire*, revint encore sur son *Alcyon parasite* de 1816, et y ajouta même quelques mots de détails nouveaux, entr'autres l'attribution, encore douteuse pour lui, de ce polypier *(sic)* au genre *Cellepora* de Lamarck (lequel est un *mollusque bryozoaire* de la science actuelle).

Remarquons ici, en passant, que l'honneur de la découverte primitive de ce genre prétendu *Alcyon* revient exclusivement au respectable Defrance, car, dans ces années qui touchent de si près aux *temps fabuleux* de l'histoire naturelle moderne, — que dis-je? dans *cette même année* 1816, — publiant sa célèbre *Histoire des Polypiers coralligènes flexibles*, Lamouroux n'avait pas encore eu connaissance de cette singulière production, et n'en faisait aucune mention, ni comme Actinie ni comme Alcyon. Pour l'Actinie, ce silence est fort naturel, puisque les Actinies n'entrent pas dans le plan de son ouvrage ; mais, quant aux Alcyons, aucune de ses 54 espèces ne donne lieu à une description applicable à l'Hydractinie, à moins qu'on ne veuille supposer qu'il pouvait la considérer comme une forme non sublobée et pour ainsi dire appauvrie de l'*Alcyon bourse de mer* (*Alcyonium bursa* Linné) décrit en 1789 par Bruguière (Encyclopédie méthod., t. I, 2ᵉ part., p. 24, n° 11), verdâtre et creux, et dans la cavité duquel on était libre de supposer une coquille pagurifère. Or, pour Lamouronx, cet *A. bursa* de Bruguière est un être fantastique, hybride, imaginaire, puisqu'il le divise en diverses entités dont l'une (*Spongodium bursa* Lamouroux), prend place parmi *les végétaux*, tandis que, probablement du moins, il en reporte quelqu'autre forme dans le règne *animal*, puisque Bruguière dit que quand les papilles très-serrées, cylindriques et transparentes, viennent à « s'épanouir *(sic)*, on voit que chacune d'elles est terminée par *des rayons*. » Quoi qu'il en soit, nous pouvons admettre avec plus de chances de probabilité, que Bruguière n'a pas plus décrit en réalité l'*Hydractinie* parmi les *Alcyons* qu'il ne l'a décrit parmi les Actinies dont il ne mentionne que 20 espèces, toutes volumineuses et *non agrégées*.

Laissons de côté cette digression rétrospective, superflue peut-être, et revenons aux faits authentiques : nous n'en avons pas encore fini avec l'année 1824 qui nous apporte l'article *Actinie* du t. II, 1re partie, des *Vers* de l'Encyclopédie, supplément et continuation, à la fois, de la publication personnelle de Bruguière, par Lamouroux, Bory de Saint-Vincent et Eudes Deslongchamps. C'est au premier de ces trois naturalistes qu'on attribue généralement la rédaction de cet article peu longuement développé, puisqu'il n'ajoute à Bruguière que 5 espèces (avec descriptions) et 12 espèces douteuses (sans descriptions) : rien de tout cela ne se rapproche, autant que je puis le voir, de l'objet de mes recherches actuelles.

Ici, le silence sa fait pendant plusieurs années, du moins dans les livres que j'ai sous les yeux. L'indication fournie par Defrance en 1816 reste oubliée et comme non avenue, non-seulement en France, mais jusqu'au-delà des mers. La 2e édition des *Animaux sans vertèbres de Lamarck* (t. II, en 1836) n'avait pas accru d'une seule espèce le genre *Alcyon* de la première (1816); seulement, une simple parenthèse intercalée à la page 608 renvoyait décidément aux végétaux l'*Alc. bursa* L. — En 1840, le t. III de cette même 2e édition (p. 414) enrichissait de 42 espèces les 26 de la première; et c'est là que la lumière aurait pu se faire sur les droits de priorité d'Otto. Sa description originale, complète et *portant son nom*, était en effet reproduite tout au long et en latin, dans ce volume, pour la rédaction duquel M. Deshayes avait été momentanément remplacé, pendant sa mission de la Commission scientifique de l'Algérie, par feu F. Dujardin.

L'excellente description d'Otto y figure comme synonyme dans le nouveau genre *Cribrina* d'Ehrenberg, Corallenth., p. 44 (1834), intercalé parmi les genres Lamarckiens à la p. 424, immédiatement après le genre Actinie, et le nom spécifique adopté par M. Dujardin est *Cribrine mantelée (Cribrina palliata)* qu'Ehrenberg ne se gêne nullement pour décorer d'un NOBIS (ou que Dujardin en décore pour lui, car je ne possède pas son édition personnelle), attendu que c'est bien Ehrenberg qui a détaché le genre nouveau du vieux genre Actinie : inscrit de la sorte, ce nom spécifique est, aux yeux de l'école à laquelle je m'honore d'appartenir, tout bonnement une déprédation; et quant à l'*épithète spécifique*, elle a été empruntée à un vieil ouvrage imprimé en 1761 par Bohadsch, Zooph., tab. II, fig. 1, sous le nom de *Medusa palliata*.

Or, c'est ici un témoignage de plus de cette espèce de *guignon* qui semble attaché de tout temps à la curieuse production dont je m'occupe aujourd'hui : ce nom, *mantelée*, traduction rigoureuse de *palliata*, est détestable, parce qu'il est radicalement faux, *palliatus* signifiant « qui porte un habit long » (Dict. lat. fr. de Noël), « vêtu, enveloppé d'un manteau » (Quicherat, Dict. fr. lat., p. 922), tandis que c'est au contraire l'Actinozaire qui revêt et enveloppe d'un manteau complet la coquille pagurifère.

Certes, je n'ignore pas qu'un nom, même mauvais, doit généralement être adopté quand il a la priorité pour lui, et je ne voudrais pas donner une marque d'*irrespect* à l'égard des droits d'un ancien; mais quand ce nom est non-seulement mauvais, mais qu'il exprime une idée *absolument fausse, doit-on* encore le respecter? J'avoue que je crois que cela cesserait d'être juste, puisque le nom spécifique a pour objet d'aider à la distinction d'une espèce, et non d'égarer, par un mensonge explicite, le jugement de l'investigateur qui cherche à déterminer cette espèce; et d'ailleurs, il y a peut-être ici une raison de douter de l'application du nom de Bohadsch (dont je n'ai pas le moyen de vérifier la description originale), car *plusieurs espèces* de Cribrines et d'Actinies doivent probablement (d'après Dujardin, pages 420 et 427) être réunies ensemble « quand elles ne diffèrent que par la couleur, » et que « faute » de figures, on ne peut en établir exactement la synonymie. » N'est-ce pas bien le cas d'appliquer ce doute, au moment où il s'agit d'une *spécification* qui date de 1761 ?

Je dois me demander maintenant si cette cause d'hésitation ne doit pas s'étendre jusqu'au *carciniopados* d'Otto (1824 à Breslau, et peut-être 1822 ou 1823 à Bonn, car il y a deux publications de lui, que je ne puis vérifier)? Ce nom, par suite du constant *guignon* dont je parlais tout-à-l'heure, n'est guère meilleur que *palliatus*, car *pados* ne signifie rien en grec, si ce n'est le nom du Pô, fleuve d'Italie (Dict. grec-fr. de Planche), et le choix de cette *localité spéciale* serait au moins singulier pour désigner un animal *marin* répandu, paraît-il, dans tout le bassin méditerranéen. Si, au contraire, avec Blainville (Dict. sc. nat. de Levrault, art. *Zoophytes* devenu plus tard *Manuel d'Actinologie*), on veut écrire (p. 292 du *Dictionnaire*) *carciniopodes* et *carciniopodos*, on se trouvera à-peu-près aussi peu avancé : *carciniopode* signifie « dont les pieds ressemblent à ceux du crabe; » ce qui ne veut rien dire ici, ou « qui sert de pieds au crabe, » ce qui est le contraire de la vérité, enfin « à qui le crabe tient lieu de moyen de « locomotion, » ce qui est fort vrai, mais exprimé d'une façon fort insolite. Après tout et au demeurant, dans ce nom, *il est question du crabe*, et comme c'est *le seul* qui fasse mention de cette sorte de rapports entre l'actinien et le crustacé, il peut passer pour réellement *distinctif* et caractéristique, donc pour acceptable : nous nous occuperons plus tard de ses rapports avec le nouveau nom générique *Hydractinie*.

Épuisons préalablement l'ancienne synonymie :

D'après Dujardin (loc. cit. p. 418 et 424), Risso a nommé notre espèce *Act. picta* en 1826 (*Europ. méridion.*, t. V, p. 286-288) : ce nom plus nouveau reste hors de cause.

En 1830, t. LX du Dict. des sc. nat. de Levrault, p. 292 (qui est devenu plus tard le *Manuel d'Actinologie*), Blainville mentionne l'*Act. carciniopodos* dans la Méditerranée et l'Adriatique, et plus loin dans le même volume, p. 488, il l'introduit de nouveau (si nous pouvons nous permettre de supposer que c'est le même être) sous le nom *Alcyonium echinatum* Fleming, 1828 : ce que nous examinerons plus tard, et en faisant remarquer que ce genre *de Fleming* est composé d'espèces hétérogènes et doit par conséquent être divisé.

C'est là l'importante question à laquelle j'arrive, et dont la solution est pour moi entravée par ma position *provinciale* qui me force à y laisser de graves lacunes, en m'empêchant de puiser des documents à *toutes* les sources indiquées. Je poursuis cependant mon travail, me réjouissant de ce que ma vieille expérience me permet de montrer aux *jeunes amateurs* d'histoire naturelle, par le spectacle même de mon impuissance à tout éclaircir, combien, quand on s'impose la tâche (comme dirait Rabelais), de *trutiner* à fond un sujet quelconque d'histoire naturelle, on est forcé par la moindre question à y apporter une attention soutenue, à lui consacrer beaucoup de temps et de minutieuses recherches.

Il nous faut franchir d'un saut *onze* années, de 1830 à 1841, et, après avoir vu Dujardin, en 1840, nous donner (loc. cit.) le *Cribrina palliata* Ehrenb. (1834) avec les synonymes :

Medusa palliata Bohadsch (1761),

Actinia carciniopados Otto (1822) et Rapp (Ueber die Polyp., p. 58 ; 1829) ;

Actinia picta Risso (1826) ;

Puis, avec un point de doute :

Actinia parasitica Dugès, Ann. sc. nat., 2e série, t. VI, p. 93 ? (1836), nous arrivons à la création du nouveau genre par deux naturalistes si justement illustres, sous les noms de :

Hydractinia, en 1841, par M. Van Beneden (Bull. Acad. Bruxelles, t. XII);

(9)

Synhydra, en 1843, par M. de Quatrefages. (Voir ses *Souvenirs d'un Naturaliste*, 1854, t. II, p. 261. — Je parlerai plus loin de sa création primitive.)

Ces deux dates me sont fournies par un court et substantiel article de mon jeune et savant ami le docteur Paul Fischer, dans le *Bulletin de la Société géologique de France*, 2e série, t. XXIV, pages 689 et 690, séance du 17 juin 1867 ; dans cet article, M. Fischer ne s'occupe *directement* que d'espèces *fossiles* du genre, dont les espèces vivantes similaires, vues par lui sur nos côtes océaniques, ont été rapportées « par » les Anglais aux genres *Alcyonium* Fleming, *Alcyonidium* et *Coryna* » Johnston, *Echinocorium* Hassall, *Podocoryna* Sars, etc., » et convergent évidemment, d'après la description sommaire de M. Fischer, vers un centre commun qui, évidemment aussi, ne peut être autre, à mon sens, que le congénère vivant de l'*Alcyonium parasitum (fossile)* de Defrance (1816).

Cela s'accorde au mieux avec la description si nettement accentuée du *Synhydra* de M. de Quatrefages dans ses *Souvenirs*. Il devient clair pour moi que le genre Hydractinie, son synonyme plus vieux de deux ans, se compose d'animaux *agrégés*, transportés des *Actinozoaires* dans les *Hydrozoaires* et qui doivent avoir l'aspect qu'on pourrait appeler d'*Actiniens* composés. Mais ici se présente une — et non la moins grave, — une des *obscurités*, dis-je, dont j'ai placé la mention dans la titre même du présent opuscule.

J'admets parfaitement que les auteurs un peu anciens aient pu confondre génériquement des animaux *composés* et dont chaque individu est fort petit, avec des animaux parfaitement *isolés* d'ordinaire et généralement *plus ou moins gros*, tels que sont les vraies *Actinies*. En effet, les *tubes, tubercules* ou *papilles* des Actinies des anciens auteurs, devenues maintenant de simples *zoaires* (si l'on veut me permettre cette expression) réduits à la condition d'*individus distincts* au point de vue de la *préhension des aliments*, étaient alors si obscurément connus qu'on n'était pas bien d'accord sur la question de savoir s'ils étaient réellement creux ou s'ils ne l'étaient pas. Voyez à ce sujet les *généralités* annotées par Dujardin (2e édition de Lamarck, citée plus haut, page 406 du t. III), il y dit en propres termes : « Quant à la perforation des tenta- » cules, que M. Rapp admet formellement (1829) et que M. Ehrenberg » (1834) admet avec doute pour les Actinies en la rejetant aussi avec » doute pour les Cribrines, elle nous paraît également douteuse dans « tous les cas. »

Elle ne l'est plus maintenant! La *Synhydre* isolée, séparée de son support commun, est l'*une des nombreuses bouches* de cette *communauté animale* qui constitue *un exemplaire* de l'espèce en question. M. de Quatrefages est parfaitement explicite à ce sujet, et voici, au complet, la citation du passage :

« Sur quelque vieille coquille abandonnée, vous voyez s'étendre une
» couche assez mince de substance charnue, hérissée de petits mame-
» lons et soutenue par un lacis de matière cornée : c'est le *Polypier*,
» véritable corps commun auquel tient toute la colonie. Les animaux,
» fort semblables aux Hydres d'eau douce, ont un corps allongé,
» terminé par une bouche qu'entourent six ou huit tentacules mobiles,
» remplissant les fonctions de bras et de mains. Des canaux étroits,
» formant un réseau, vont d'un individu à l'autre, et mettent en commu-
» nication toutes les cavités digestives, de telle sorte que la nourriture
» prise par chaque Polype profite directement à la communauté entière.»

Tel est l'être que M. Fischer, aide-naturalite attaché à ce même Muséum où professe avec éclat M. de Quatrefages, cite comme reconnuë IDENTIQUE aux ci-devant Alcyous des Anglais, qui forment aujourd'hui le genre *Hydractinie* de M. Van Beneden. Quel rapport peut-il exister entre cet être *composé* et une *Actinie*, être *isolé*, *individuel*, tel que nous l'annonce la caractéristique de ce grand genre ?

C'est moi qui entre maintenant en cause et qui essaie de formuler et d'établir cette singulière question : « Parmi ces animaux qu'en 1834 Ehrenberg a définis sous le titre d'Actinines et qu'il caractérise par « un corps entièrement mou, sub-coriace, libre, rampant et nageant, » non adhérent au sol, *solitaire*, ovipare ou vivipare, rarement gém-
» mipare, ne se divisant jamais spontanément, » — parmi ces animaux, dis-je, des apparences trompeuses n'ont-elle pas fait *confondre* quelques êtres fort différents par leur organisation réelle, et qui sont non des individus distincts et *solitaires*, mais des *colonies* d'animaux composés? Ces animaux composés ne sont-ils pas des *Hydractinies*, et l'ACTINIA CARCINIOPADOS d'*Otto n'est-elle pas* l'UN D'EUX ?

Il faut combler l'*hiatus* énorme qui se creuse entre ces deux formes d'êtres si dissemblables, et le genre CRIBRINA d'Ehrenberg, NON EN ENTIER, MAIS EN PARTIE, me semble destiné A COMBLER CET HIATUS.

Transcrivons maintenant tout au long la description originale et que j'ai qualifiée d'excellente, qu'Otto donne de son *Actinia carciniopados*, car c'est elle que Dujardin donne uniquement comme diagnose du *Cribrina palliata* Ehrenb. (Dujard. *in* Lamk., éd. 2e, t. III, p. 426, n° 9) :

« *A. mollis, complanata alba, purpureo-maculata, aperturam testa-rum molluscorum univalvium, si à paguris habitantur, instar annuli plus minusve completi, cingens, disci irregularis margine elongato, tenuissimo, ubi testæ adglutinatur, molli, sed in parte liberâ, firmiore subcarnea; ore infero, sub paguri abdomine sito, tentaculorum bre-vium seriebus quatuor instructo.* » (Otto.)

Que peut-on penser de cette description, et y rencontre-t-on un seul caractère *distinctif* qui ne s'éloigne entièrement des caractères nor-maux d'une *Actinie légitime?* Je n'hésite pas : il n'y en a *pas un seul,* et je le prouve. Ne parlons pas de la couleur : nous avons vu qu'on s'accorde à le regarder comme de peu d'importance (Dujardin, *loc. cit.,* p. 408, *en note*), et nous ne savons pas au juste celle des *Hydractinies* de nos côtes occidentales de France, auxquelles on est tenté d'attribuer une coloration en général verdâtre ou brunâtre. — Les *Actinies* ordi-naires ne sont jamais complètement *enveloppantes,* par conséquent *adaptées aux formes* des coquilles sur lesquelles elles se *posent* à volonté, et desquelles elles peuvent se détacher de même pour choisir un autre domicile. Tous les détails de *cohabitation* avec les pagures, d'*anneau* complet ou incomplet bordant constamment l'ouverture des coquilles, l'irrégularité permanente du disque enfin, — tout cela n'a pas d'analo-gue dans les Actinies. — La singularité de ces faits, l'*autonomie générique* de l'*Hydractinie* se prononcent d'une façon bien autrement tranchante dans ce bord, mou tant qu'il est adhérent, et qui devient dur, corné (chitineux) dès qu'il devient libre : rien d'analogue dans l'idiosyncrasie acti-nienne ! L'*hiatus* dont je parlais s'élargit, — tranchons le mot, se change en abîme quand on nous fait aborder des caractères *impossibles,* con-*tradictoires* à l'égard des caractères zoologiques et physiologiques du genre Actinie. J'en appelle à tout zoologiste : « *Ore infero,* chez une Anémone, une *fleur de la mer* dont l'orifice unique s'ouvre à la lu-mière !!! Le poète donnerait presque aussi justement pour caractère à ce Polype qu'à l'homme, *cœlumque tueri.* Ce n'est pas tout : cette bou-che, sub *paguri abdomine sito !* Feu Dugès, dans la description de son *Actinia parasita* (que Dujardin donne pour synonyme un peu douteux du *carciniopados*), s'épuise en industries *poétiques* (Annal. sc. nat., 2ᵉ série, t. VI, pl. 7 C, p. 94), pour nous faire admettre que « toujours » la bouche du Zoophyte répondait vis-à-vis de celle du crustacé, sans » doute pour profiter des débris qu'il laisse échapper du reste de ses » repas. » Oh ! vraiment, c'est charmant ! mais songe-t-on à cette *Ané-mone* dont les tentacules doivent s'agiter *librement* pour saisir et rap-

porter à la bouche les corpuscules nutritifs ? — pense-t-on à ces tentacules traînés et froissés contre le fond plus ou moins dur, inégal et
raboteux de la mer, *emprisonnés* sous les *mains* du pagure qui les
traîne sous lui ? Ici encore, tranchons le mot : cela ne peut pas être :
donc, cela n'est pas !

Si, au contraire, vous me montrez ce *pertuis*, cette *ouverture* que
laisse voir la figure de Dugès, et dont fait mention la description
d'Otto, — si vous l'interprétez comme l'entrée d'un canal *aquifère*
destiné à porter le liquide vivifiant dans les méats du *lacis* qui forme
la charpente du corps, — ou peut-être même à mettre à portée des cavités digestives quelques corpuscules nutritifs, je dirai : « Je ne sais pas
» s'il en est ainsi, mais du moins cela est possible. »

A l'appui de ce que je viens de dire, examinons la note de Dugès,
publiée en 1836 (trois pages et demie). J'affirme qu'on n'y trouvera que
confusion sur confusion entre deux animaux tout-à-fait différents l'un
de l'autre :

1° L'*Urticæ quarta species* de Rondelet, *De piscibus*, t. I (1554),
lib. 17. cap. 18, pag. 531. — La figure représente un gros et très-
normal Actinien (méditerranéen), duquel deux individus solitaires et
bien distincts *coiffent chacun par un bout* les deux extrémités (ouverture
et spire) d'une coquille qu'il appelle une Pourpre (très-probablement
Murex trunculus L., ou peut-être même *M. brandaris* L., si sa queue
a été cassée); car il n'y a pas vestige de pagure dans la description ni
dans la figure et, s'il y en a jamais eu un dans la coquille, il faut qu'il
soit mort étouffé par la *double coiffe*, ou bien qu'affamé par son parasite il ait déménagé. Cet Actinien, à longs tentacules bleus, appartient
au genre *Cribrina* d'Ehrenberg et de Dujardin, qui le cite à la page 448
(loc. cit.); comme espèce nouvelle donnée par *Delle Chiaje*, et encore
comme *Act. corallina* Risso (*Act. rubra?* Ehrenb.).

Ce genre *Cribrina* d'Ehrenberg, véritablement actinien et très-voi-
sin des Actinies desquelles il l'a démembré, devra, je crois, être
conservé à cause des pores latéraux aquifères dont le corps est pourvu
sur ses côtés, et deviendra un excellent genre, quand il aura été totalement purgé des Hydractinies qui peuvent s'y trouver cachées sous
des descriptions ambiguës ou incomplètes, comme il est arrivé pour
les *carciniopados* d'Otto et peut-être pour la Méduse de Bohadsch, et
pour l'*Actinia parasita* de Dugès. Aussi ne puis-je proposer comme
définitif le nom spécifique *carciniopados* pour l'*Hydractinia echinata*
Fleming (1828), puisque M. Fischer la désigne comme l'espèce *la plus*

commune de nos mers d'Europe, et dit avoir vu des *Hydractinies isolées* sur le *Pisa Gibbsii* (crustacé). Cet isolement lui permettra-t-il de demeurer dans le même genre? Cette question n'est point affaire à moi, mais aux anatomistes. — Je reviens à la vraie Cribrine de Rondelet, que Dugès et le zoologiste berlinois Lichtenstein n'avaient pu reconnaître et déterminer avec certitude; ce qui n'est pas étonnant en présence d'une figure de Rondelet; car, d'habitude si peu avare de discours, celui-ci ne lui avait consacré qu'une demi-page, soit dix-huit lignes, dont onze sont *confisquées* au profit de l'impérieux besoin qu'éprouvait cet auteur de déployer son érudition mythologique. Au milieu de tout ce verbiage, j'ai passé du temps à chercher si je pouvais trouver quelque bribe à glaner, pour le naturaliste, dans l'histoire d'un certain chien appartenant à Hercule et dont je n'ai pas réussi à démêler les traces dans le déluge de *renvois* du Dictionnaire de Chompré, édition de Millin. Mais j'y ai du moins recueilli cette attestation donnée par Rondelet, que la *Pourpre* était *morte* et sa cavité rendue inaccessible, tant du côté de la spire que par la couverture qui enveloppe celui de la tête du mollusque (*tùm testâ clavatâ*, *tùm capitis operculo*). Pour comprendre cette dernière circonstance de la description, il faut savoir que, dans la figure, le premier de ces deux individus de l'actinien montre seul ses six tentacules développés, tandis qu'ils restent *rentrés* dans le second individu qui se trouve ainsi réduit à la forme en *cul de cheval* (Rondelet, ibid; p. 530) qui constitue l'état de repos bien connu chez les Actiniens. Rien de plus à apprendre de Rondelet, si ce n'est que cette espèce a la chair trop dure pour être mangée par les populations riveraines, ce qu'il n'aurait pas eu besoin d'expliquer, soit dit en passant, si cette substance eût été une charpente chitineuse comme dans le genre Hydractinie.

2° Voici donc un premier point parfaitement élucidé; mais il ne l'a point été du tout, — et tant s'en faut; par Dugès si soigneux pourtant, d'habitude, dans ses intelligents travaux. Le deuxième point à analyser dans sa Note, c'est la description propre de son *Actinia parasita*, et surtout la figure qu'il en donne.

Premièrement, Dugès ne l'a « rencontrée que sur des coquilles habitées » par des Pagures, » contrairement à l'*Actinia effœta* Lamk. N° 7, vraie Cribrine d'Ehrenberg et de Dujardin, à laquelle il avait essayé un moment de la comparer.

Secondement, « sa bouche répondait toujours vis-à-vis de celle du » crustacé, » et je viens de démontrer *par là* qu'il est impossible que ce soit la bouche d'un actinien. Il en résulte aussi que cette prétendue

bouche, comme le dit encore Dugès, « n'est qu'un centre idéal ......
» puisque cette enveloppe *amincie* laisse parfois passer le sommet de la
» spire ......, et les deux larges lobes formés par l'épanouissement du
» corps se rencontrent au moins dans la majeure partie de leur étendue
» et non-seulement se touchent ; mais encore s'agglutinent assez soli-
» dement (*c'est là l'*ANNEAU *d'Otto*) en formant, du côté opposé à la
» bouche, une suture longitudinale sous forme d'une ligne enfoncée. »
Rien de cela ne convient à un actinien ordinaire.

Troisièmement, « elle n'offre une épaisseur notable qu'au voisinage
» de la bouche .... entourée de *nombreux* tentacules ou barbillons ;
» creux et peut-être perforés au bout. Quant aux filaments pourpres
» que Rondelet a cru voir sortir de la bouche (*sic!*) c'est par des pores
» nombreux, disséminés à la surface du corps, qu'ils s'échappent. Ces
» pores sont eux-mêmes colorés en violet brillant durant la vie, et
» forment un semis de gros points pourpres qui tranchent sur le fond
» blanc laiteux de la peau, laquelle brunit seulement, par degrés, à
» mesure qu'on se rapproche de la périphérie (page 94). Si l'on cherche
» ces filaments par la dissection, on les trouve à l'intérieur du corps,
» dans des loges longitudinales et étroites où ils sont tortueusement
» repliés. Ces loges, séparées par des cloisons, donnent à la surface de
» l'Actinie un aspect cannelé qui devient surtout remarquable quand la
» pièce a été conservée dans l'alcool, où elle prend une teinte uniforme
» et brunâtre » (page 95). J'ai à peine besoin de faire remarquer à quel
point cet ensemble de *caractères d'organisation* va mal à un Actinien,
— et combien au contraire ceux-ci coïncident plus ou moins exactement
avec ceux d'une Hydractinie, sauf celui (qui m'était totalement inconnu)
des filaments pourpres, exsertiles, que je ne pouvais retrouver dans
nos Hydractinies mortes, desséchées et roulées par les flots. L'aspect
cannelé existe dans les vraies Cribrines, j'en conviens, les descriptions
en font foi ; mais les papilles (du moins les principales) de l'Hydractinie
desséchée en laissent encore voir souvent la disposition *sériale ;* et enfin,
les « points pourpres sur fond blanc » et la « teinte uniforme et brunâtre, » signalés par Dugès, s'accordent au mieux avec l'*alba purpureo-
maculata* d'Otto et la couleur brunâtre de nos épaves desséchées.

Je l'avoue : tout cela constituerait, à mes yeux, une démonstration
suffisante *d'identité* entre le *carciniopados* (ou un quelconque de ses
vrais congénères) et l'Hydractinie, quand même je négligerais d'énoncer la preuve principale. Cette preuve est déterminante, *dominante !*
Elle est *extrinsèque,* j'en conviens ; mais elle a affermi ma plus intime

conviction, et m'a dicté la base *la plus profondément* SCIENTIFIQUE de *l'identification* que j'annonce.

M. Fischer déclare la Synhydre de M. de Quatrefages *identique* à l'Hydractinie de M. Van Beneden, et il dit que « quand les Hydracti- » nies ont tapissé une coquille, elles continuent le dernier tour et peu- » vent ainsi accroître ses dimensions pour donner aux Pagures une » habitation plus vaste .... la surface interne de la coquille est tapissée » par une lame mince et lisse. »

C'est ainsi qu'au commencement de ce travail, j'ai décrit les Hydrac- tinies desséchées que j'ai recueillies à La Rochelle en 1824, à Arcachon en 1850, etc., et que je conserve dans ma collection.

C'est ainsi qu'en 1822 M. Otto a décrit son *Actinia carciniopados*, et après lui Dujardin en 1840.

C'est ainsi qu'en 1824 Defrance a décrit son *Alcyon parasite* (fossile), et c'est ainsi qu'en 1867 M. Fischer reconnaît sur ses Hydractinies *fossiles* le caractère que je viens de transcrire.

C'est ainsi enfin qu'en 1836 Dugès décrit son *Actinia parasita* vi- vante : « Ce n'est pas seulement la coquille que l'Actinie revêt de son » manteau ; elle enveloppe un espace souvent deux ou trois fois plus » grand que cette coquille qui ne peut renfermer que le bout de la queue » d'un hermite arrivé à l'état d'adulte ...... une production de couleur » brune, de consistance cornée, garnit intérieurement toute la portion » du zoophyte qui n'est pas en rapport avec la coquille : l'embouchure » de celle-ci se trouve ainsi prolongée par une expansion un peu moins » dure il est vrai .....; on reconnaît toutefois sans peine que c'est une » addition à la coquille, et non une détérioration partielle ; il suffit pour » cela de les détacher l'une de l'autre. Cette production cornée est-elle » l'ouvrage de l'Actinie ou du Pagure ? c'est indubitablement à la pre- » mière qu'il faut l'attribuer, car » etc., etc. ; et ici on retrouve toute l'exactitude et la finesse d'observation habituelles à Dugès.

Or, la preuve *extrinsèque* que je produis, la voici : C'est ce que les Prussiens de nos jours appelleraient, je pense, une preuve *psychologi- que*, c'est-à-dire une preuve non stupidement matérialiste, mais une preuve fournie par l'expérience, l'analogie et le raisonnement, — trois choses qu'on n'est point parvenu à renfermer dans des casiers ou à peser au trébuchet.

Ce qu'on appelle les *lois de la nature* et qu'on appellerait bien mieux les *habitudes de la Création* nous montre, à côté de la plus admira- ble unité de plan, une non moins admirable variété dans les détails d'exécution. Si l'Hydractinie n'était pas un genre autonome, distinct des autres genres et *spécialement caractérisé*, on n'y retrouverait pas une forme et une nature *identiques*, pour toutes les coquilles enveloppées, dans le *prolongement* pagurien. Nul autre genre que l'Hydractinie ne fournira *celui-là*, diversifié *en variétés* suivant les espèces de ce genre! Et la preuve en est dans la diversité qu'offrent les constructions fournies par des groupes d'animaux cependant bien étroitement analogues. J'emploie les noms vulgaires. Voyez les nids que construisent pour leurs œufs et leur progéniture :

L'abeille commune, — loges cireuses, géométriques;

La guêpe commune, — loges pergamentacées, géométriques;

La guêpe de Cayenne, — une sorte de *tirelire* en gros carton;

L'abeille maçonne, — une loge en terre mâchée;

Une autre abeille terricole, commune le long des berges vives des chemins, — un terrier sinueux;

Le frêlon : — une manière de *terrier* sinueux dans le tronc des arbres.

Je m'arrête enfin, car pour tout le monde—je le crois—la démonstration est faite!...

Et pourtant, je n'ai pu réussir à consulter des documents qui, au premier abord, paraîtraient devoir être indispensables :

1) La diagnose — et peut-être la figure — du genre *Hydractinie* de Van Beneden;

2) La diagnose originale — et peut-être la figure d'un type générique du genre *Cribrina* d'Ehrenberg;

3) La diagnose originale et la figure du *Medusa palliata* Bohadsch ;

4) La figure originale de l'*Actinia carciniopados* d'Otto, ou celle de Rapp, qui en est très-vraisemblablement la copie;

5) La description et la figure de l'*Actinia picta* de Risso.

De tout cela, je ne possède que la figure de Dugès, admise comme congénère (et encore avec quelque doute) par Dujardin. Je la reproduis ici

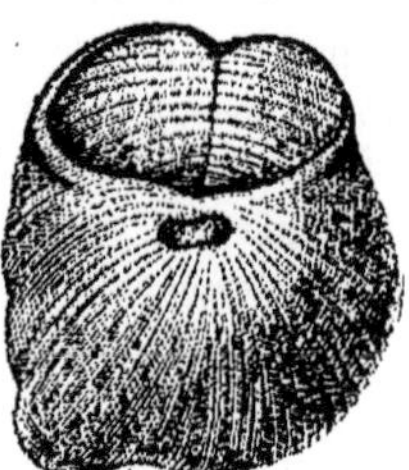

ACTINIA PARASITA

(Annal. sc. nat., 2e sér., 1856. t. VI, pl. 7, C., avec fig. de la Natice qui lui sert de noyau.

et je le fais avec confiance, au point de vue *générique* du moins; mais avec toutes réserves au point de vue *spécifique*, parce que Dugès ne décrit ni ne montre les papilles saillantes *qui subsistent* sur nos Hydractinies desséchées. Je crois que sa figure n'est qu'un *croquis théorique*, dans lequel il n'a pu représenter développés et *en activité de service* les organes qui lui ont été manifestés par la dissection, » (p. 95); mais il serait trop téméraire de ma part de l'affirmer.

Pourquoi tant de *confiance* enfin, tant de hardiesse quand mes yeux restent fermés à tant de documents *visibles?*..... Parce qu'il y a des opérations *purement intellectuelles*, dont les résultats s'IMPOSENT, comme je l'ai dit plus haut, à l'*expérience*, à l'*analogie* et au *raisonnement*.

La description d'Otto et la figure de Dugès m'éclairent et suffisent.

Quelques *obscurités* subsistent, mais elles tiennent à des détails purement accessoires et non au fond de mon sujet; c'est son tort, je l'ai dit dès le début :

1) M. Fischer, dont les sobres paroles ont *toutes* leur valeur et leur portée, nous annonce que les Hydractinies « ne se développent que sur » certains Pagures (*P. Bernhardus* et *Prideauxi*); les coquilles dans » lesquelles vit le *P. oculatus* en sont dépourvues. » — Obscure et singulière exception, tandis que les *Actinies* semblent si indifférentes à la nature *motile* ou *non* de leur support !

2) M. Fischer dit aussi que « la surface externe du revêtement chiti- » neux présente des tubercules et prolongements rameux » et que, quand « les coquilles sont conservées depuis longtemps, on ne voit guère plus » qu'une couche brunâtre granuleuse, parsemée de tubercules plus ou » moins saillants. « Ceci va, d'une part, à lier l'apparence des échantillons récents à celle des échantillons fossiles; et d'autre part, à l'accumulation autour de la prétendue bouche, de *quatre rangs de tentacules courts* (Otto), *de nombreux tentacules* ou *barbillons* (Dugès), plus saillants et mieux conservés que ceux du reste de la surface de l'Hydractinie; cela se voit fort bien sur les exemplaires desséchés et pas trop roulés.

3) La prétendue *bouche* est-elle réellement une *ouverture*, comme l'implique ce nom de *bouche* et comme le croient Otto et Dugès? Ou bien, est-ce une apparence laissée sur des individus un peu flétris ou desséchés, par la *dépression en forme d'enfoncement* que pourrait occasionner l'occlusion, par la substance hydractinienne, de l'ombilic de certaines coquilles turbinées? A la rigueur, cela est possible, car

M. Fischer dit (p. 690) ; « Le canal des *Murex* et des *Buccinum* est fermé par les Hydractinies. »

4) Dugès croit comprendre, d'après un passage de Johnston qu'il transcrit en latin, qu'on aurait peut-être retrouvé sur les *glands de mer* (Lepas, Anatifes) son *Actinia parasita*. Bien plus habile que moi sera celui qui saura interpréter clairement ce passage !

Je n'ai pas dit un seul mot, jusqu'à présent, du *mémoire original* sur le genre *Synhydre* de M. de Quatrefages, ni du *Rapport* à l'Académie des Sciences, présenté sur un ensemble de mémoires de cet éminent naturaliste par M. Milne-Edwards qui consacre trois pages entières à l'analyse exacte de l'un d'eux (le 4e, celui sur les *Synhydres*). J'ai sous les yeux ces deux *travails de maîtres*, dont le premier est accompagné de deux magnifiques planches dessinées avec le merveilleux talent qui est pour l'auteur une de ses habitudes de tous les jours et la compagne assidue de tous ses moments de labeur. Je n'ai point parlé non plus de l'autre, de ce Rapport également digne du professeur illustre qui juge déjà et du futur professeur qui va bientôt juger aussi, dès qu'il aura pris sa place dans le grand aréopage dont le monde entier écoute et respecte les arrêts scientifiques. L'un et l'autre de ces travails ont trouvé leur place dans les *Annales des Sciences naturelles*; le premier dans le t. XX de la 2e série, 1843, pages 230 à 248, planches 8 et 9; le second dans le t. 1er de la 3e série, 1844, pages 5 à 24 ; les paragraphes relatifs aux Synhydres se trouvent aux pages 11 à 14. — Une simple distraction a fait confondre dans les textes le *singulier* latin *Synhydra* avec le *pluriel* français *Synhydres*, en sorte qu'un hybride est né de ces deux dénomi- nations, et on lit *Synhydra parasites* (à titre de nom spécifique latin) au lieu de *Synhydra parasita* ou *parasitica*, seul admis dans les voca- bulaires de Noël et de Quicherat. Cela n'a aucune importance réelle ; mais l'éplucheur-juré de textes et de mots, qui marche si loin, pour rechercher leur trace, derrière ces auteurs illustres, ne leur manque assurément pas de respect en avisant un grain de poussière resté ina- perçu, égaré sur des œuvres si bien polies : c'est encore un humble devoir qu'il poursuit, en agitant son plumeau.

Dans son mémoire (p. 232), M. de Quatrefages parle de la constante habitation de la Synhydre parasite sur les coquilles habitées par des *Pagures* (Buccins ou Turbos) ; mais il ne déclare pas que cette station leur soit exclusive et cela se conçoit, car on ne connaît pas de raison qui empêche qu'on en puisse rencontrer ailleurs.

M. Milne-Edwards, dans son *Rapport*, constate aussi les faits, et se borne à faire connaître analytiquement ces polypes « qui se trouvent » souvent sur les coquilles de Buccins habités par des Pagures et qui, » au premier abord, ne semblent y constituer que des croûtes rugueuses » et informes. »

Hélas! dans le plan nécessairement *circonscrit* du présent travail, c'est là tout ce que je puis emprunter à ces deux savants écrits!

Dans sa planche 8, M. de Quatrefages nous montre une gracieuse et luxuriante *forêt-vierge* de polypes hydraires dont les plus hauts sommets ne dépassent pas, à l'état de vie, *sept à huit millimètres* (p. 233), et l'analyse microscopique va jusqu'à décrire, dans les divers organes, des portions *caractéristiques* qui se mesurent *par des quatre-centièmes de millimètre!* Voilà tout ce qu'à l'état de vie et sous le microscope nos yeux pourraient apercevoir dans les « croûtes rugueuses, informes » et desséchées de nos Hydractinies rejetées sur la plage. C'est à-peu-près tout, aussi, ce qui a été vu, en 1822 et en 1836, par Otto et par Dujardin dans leurs prétendues Actinies, sauf des différences de coloration, de parties ou de formes qui répondront nécessairement, par la suite, à plus ou moins de distinctions *spécifiques* que je ne puis préjuger.

La *Synhydre parasite* de M. de Quatrefages paraîtrait avoir pour synonyme, d'après son habitation dans la Manche, l'*Hydractinia echinata* de Fleming : elle est blanche, avec des teintes *ochracées* et quelques détails d'un *orangé vif.* — J'ai retrouvé la citation de ce nom du naturaliste anglais jusques dans les publications américaines (Recueil de la Société de Portland [État du Maine], t. 1er p. 91, qui doit être de 1868 ou 1869) : s'agit-il là de la même espèce que celle de nos côtes océaniques de France??? Je n'ai plus cette publication sous les yeux, et j'en ai perdu de vue les détails.

L'*Actinia parasita* de Dugès, méditerranéenne, est blanche, à gros points *violets* ou *pourpres.*

L'*Actinia carciniopados* d'Otto, méditerranéenne aussi, est blanche, tachée de *pourpre.*

Dugès et M. de Quatrefages ne disent mot du prolongement corné et lisse en dedans, qui sert de logement au *train de devant* des Pagures ; et pourtant l'espèce du second de ces auteurs en doit être pourvue, puisqu'elle a été reconnue synonyme de l'*echinata.*

Otto et Dugès sont les seuls à indiquer la prétendue *bouche* placée sous le ventre du Pagure.

Voilà tout ce que je sais, et tout ce que je puis savoir.

2

Mon but unique a donc été et dû être de prouver que ces Actinies d'Otto et de Dugès ne peuvent être autre chose que des Synhydres de M. de Quatrefages — des Hydractinies de M. Van Benéden. Tous les détails anatomiques et physiologiques me sont, par force, et doivent me rester complètement étrangers.

§ 2. — ALCYONIUM DOMUNCULA.

La présente étude a été la cause occasionnelle de la rédaction de celle qu'on vient de lire.

Notre éminent collègue M. l'ingénieur des mines Linder, secrétaire général de la Société Linnéenne, a passé le mois de septembre dernier à Toulon, d'où il m'a fait l'amitié de me rapporter deux singuliers corps à-peu-près *spongiformes* colorés à l'état sec en jaune orangé, enveloppant et recouvrant chacun de toutes parts une coquille univalve de mollusque, habitée par un Pagure. Il n'est laissé à ce pauvre reclus, pour communiquer avec la mer, qu'une très-minime ouverture ovalaire arrondie ou obscurément trigone, rarement étroite et comprimée, de 10 à 12 millimètres de long sur 7 à 8 de large et qui tend soit à se rétrécir, soit à s'élargir *très-peu* en s'enfonçant dans l'épaisseur, proportionnellement considérable et un peu flexible à l'état de vie, du polype alcyonien qui sert de double enveloppe au dit Pagure.

Ce crustacé est un peu poilu, d'un *rouge vineux* et n'a pas été reconnu sur les côtes océaniques de la Gironde (1), et je ne doute pas qu'on ne rencontre des exemplaires plus grands de cette sorte de *noix dans son brou* qui m'a été rapportée; car l'un des deux n'enveloppe qu'un *Cerithium vulgatum* dont la spire se dessine assez peu encroûtée; l'autre offre une apparence oviforme qui fait présumer par sa *régularité* qu'elle renferme un *Nassa reticulata* ou toute autre coquille *buccinoïde* de dimensions analogues (une trentaine de millimètres sur une vingtaine).

Les Pagures en question sont les tristes victimes des services qu'ils rendent à l'alimentation publique, contre les exigences de laquelle ils semblaient pourtant bien garantis par le solide et double rempart qui les change en une masse presque informe; et ce n'est pas *directement,* en effet, qu'ils sont utiles à l'alimentation de l'homme. Mais les pêcheurs

---

(1) Je dois ce renseignement à notre collègue M. Alexandre Lafont, qui habite Arcachon et en connaît si bien la faune.

toulonnais, qui en connaissent le prix, vont les draguer au large et les rapportent en grand nombre. Aussitôt rentrés de la pêche, ils vident leurs filets sur la plage; ces petites masses alcyonaires, qui sont alors d'une belle et vive couleur *rouge brun-orangé*, sont brisées ainsi que les coquilles qu'elles renferment, et les Pagures dénudés sont employés comme appât pour la pêche des poissons fins qui en sont excessivement friands.

Le titre général de ma notice annonce au lecteur, pour cette partie-ci comme pour la précédente, des *obscurités* dont je n'ai pas été en position d'éclaircir la première — le nom spécifique du Pagure.

Je vais, malgré l'absence de *spécialité* carcinologique qui m'y rend inhabile, résoudre la deuxième question — le nom spécifique de l'Alcyon. Ce n'a pas été chose facile pour mon ignorance; mais par bonheur, la troisième *obscurité* (qu'il ne m'est pas donné non plus de dissiper), m'a aidé victorieusement et *avec toute certitude*, à dissiper la deuxième. Je m'explique, et j'avoue que c'est chose nécessaire en présence d'un problème ainsi posé.

Il était évident que j'avais affaire à un *Alcyon* (de Lamarck); mais quel nom spécifique choisir parmi 54 *Alcyonium* qu'admet Lamouroux dans son *Histoire des Polypiers flexibles* en 1816? — parmi les 68 qu'en 1824 il enregistre dans l'*Encyclopédie méthodique?* — parmi les 10 *genres* d'Alcyonaires énumérés (sans monographie spécifique) par Blainville dans son *Manuel d'Actinologie* en 1830 dans le *Dictionnaire des sciences naturelles?* — parmi les 40 *Alcyons* proprement dits, enfin, de la 2ᵉ édition des *Animaux sans vertèbres* de Lamarck, t. II, en 1836?......

Heureusement pour moi, Lamarck tenait encore en 1816 avec une ténacité systématique qu'explique sa cécité commençante, à l'existence réelle d'*oscules* et de *polypes* exsertiles, souvent visibles, dans son genre Alcyon, tandis que, dès cette même année 1816 (pp. 327 — 334), Lamouroux commençait à dissimuler fort peu qu'il n'y croyait plus guère, au moins dans la majeure partie des espèces connues. Le texte et la classification de Lamarck demeurèrent donc jusqu'en 1836 parfaitement intacts et furent fidèlement reproduits par Dujardin dans la 2ᵉ édition de ce grand ouvrage; mais alors, éclairé par les professions de foi bien explicites de Lamouroux en 1824 (*Encyclop. méthod.*) et par les autres progrès récents des études, Dujardin rompit nettement avec les vieux errements lamarckiens, et déclara qu'il fallait définitivement (pp. 539 et 598 du t. II des *An. s. vert:*) renvoyer aux Éponges tous les Alcyons dépourvus d'*oscules polypifères*.

Mais, à côté de cette déclaration qui tranchait les difficultés pour l'avenir, subsistaient encore, dans ce même volume, les diagnoses *lamarckiennes* d'Alcyons en cours de déménagement pour émigrer chez les Éponges. J'essayai de parcourir ces diagnoses lamarckiennes, si courtes, si étriquées, si sèches, si pauvres de détails lumineux, si éloignées en un mot des descriptions d'abord sommaires, puis un peu *causeuses* (si j'ose parler ainsi) et finalement riches et fécondes en enseignements utiles, auxquels nous ont accoutumés, à l'exemple du bon vieux Bruguière, ses savants et vraiment *libéraux* continuateurs Lamouroux, Eudes Deslongchamps, Deshayes, etc. Là sont les vrais modèles des professeurs qui *désirent sincèrement* aider la pénurie scolaire de l'élève en le contraignant, à force de zèle et d'obligeance pédagogiques, à apprendre quelque chose d'utile et de pratique, pourvu qu'il veuille s'appliquer à mettre à profit les documents qu'on place ainsi à sa portée.

Ce fut pourtant une de ces diagnoses lamarckiennes — la plus courte peut-être, car elle ne contenait que cinq mots, — qui me fit ouvrir les yeux et m'amena tout droit au but, mais grâce à l'aide des deux premiers de ces grands et estimables travailleurs :

ALCYONIUM DOMUNCULA Lam. An. s. vert. éd. 2ª t. II (1836), p. 600, n° 4.

A. tuberiforme, liberum; osculis oblongis, subacervatis.

A. domuncula Bulletin des sc. n° 46. p. 169. (Il m'a été impossible de retrouver cette *source*, que ma bibliothèque ne renferme pas, et qui est de bien des années antérieure au grand et riche Répertoire fondé en 1823 par Férussac).

A. bulbosum? Esper. Suppl. 2, tab. XLII.

Mus. n°   , Mém. du Mus. I, p. 76! n° 2.

(À ces citations, fournies par la 1ʳᵉ édition de Lamarck, Lamouroux ajouta, dans la 2ᵉ édition, les deux suivantes :

Oliv. Zool. Adriat.

Spongia domuncula Lamouroux, Polyp. flex., p. 28, n° 28, et Encycl. méth. (Vers, t. II, 1ʳᵉ partie, p. 337, n° 28).

« Habite la Méditerranée. Mon cabinet. Ses oscules sont petits, » oblongs, semés comme par groupes » (Lamarck, 1ʳᵉ et 2ᵉ éditions.)

Or, nous avons vu précédemment qu'il n'y a pas en réalité d'*oscules* polypifères à trouver dans les Alcyons passés dans le grand genre Éponge, et pourtant Lamarck nous montre ici des trous *oblongs, semés comme par groupes*. Voyons donc ce que nous dira Lamouroux. Le voici :

Eponge Maisonnette ; convexe, surface unie, presque papillaire, très-celluleuse intérieurement. (Lamour., Pol. flex. (1816), p. 28, n° 28.)

Spongia Domuncula ; rubro-aurantia convexa; superficie impervia, sub-papillosa; intùs creberrimè cellulosa; Bertol. Decad. 3, p. 103. *Olivi, Zool. Adriat.*, p. 241... *Ginn., oper. post.*, t. I; p. 44, tab. 49, fig. 104.

Golfe de Gênes.

Nota. « M. Bertoloni a cru devoir retirer ce Polypier du genre *Alcyo-* » *nium* pour le placer parmi les Eponges, parce qu'il n'a vu aucun » polype, aucune cellule polypifère sur des individus fraîchement sortis » de la mer; mais il y a tant de circonstances qui ont pu faire périr ces » petits animaux! J'ai adopté cependant l'opinion du naturaliste gênois, » par la confiance que j'ai dans ses lumières, en attendant que je puisse » étudier ce Polypier. »

L'illustre et consciencieux professeur Lamouroux va maintenant achever, en 1824, dans le t. II, 1re partie, p. 337, n° 28 de l'*Encycl. méthod.*, Vers, de nous édifier complètement sur la deuxième question, qui semblait la plus difficile à résoudre.

Il reproduit ici *in extenso* tous les documents que je viens de transcrire dans l'ouvrage de Lamarck et dans le sien; il ajoute même un second synonyme d'Esper (*Alcyonium tuberosum* Esper, Zooph., p. 44, tab. 13) à celui qu'il avait déjà donné en indiquant la tab. 12 de cet auteur.

Puis il ajoute les intéressantes observations que voici :

« Cette singulière production est arrondie et tubériforme, envelop- » pant des coquilles sans pénétrer dans leur intérieur, qui fournit quel- » quefois une habitation au Paguro hermite; il semble la préférer à » toutes les autres; souvent elle recouvre comme un parasol le dos du » *Cancer dromia*. Sa contexture, dans l'état de dessiccation, est fibreuse, » mais à fibres très-fines, très-serrées et très-douces, peu élastiques ; » la surface est très-lisse, presque toujours sans pores ni cellules, ou » bien avec quelques oscules virguliformes, petits, épars et clairsemés. » La couleur de ce polypier est d'un rouge orangé ou brun-clair. Sa » grandeur varie suivant le corps qui le supporte. Je l'ai souvent reçu » de la Méditerranée. M. Bonnemaison l'a trouvé aux environs de » Brest. »

Ici, Lamouroux reproduit la note de sa page 28 des Polypiers flexibles de 1816, que j'ai transcrite plus haut (« M. Bertoloni..... ce » polypier sur le vivant. ») Puis il termine en disant :

» Dans l'état sec, il me semble se rapprocher davantage des Alcyons
» que des Eponges. Les pêcheurs des côtes d'Italie lui donnent le nom
» de *Perella di mare* ; on l'a également appelé le *Reclus marin*, à cause
» du pagure qui semble en être inséparable. »

Voilà donc la deuxième question vidée ; et les carcinologistes daigne-
ront me pardonner mon ignorance et l'*archaïsme* de mon énonciation,
car je ne possède rien de plus nouveau que la 2e édition de Lamarck ;
mais mon jeune ami le docteur Paul Fischer, consulté sur la détermination *du grand* et *du petit* crustacés qui vivent l'un et l'autre à l'abri
du corps marin rapporté par M. Linder, a bien voulu venir à mon
secours et me faire connaître que ce corps est un vrai *spongiaire* du
groupe *alcyonidien*, et qu'il porte actuellement un nouveau nom générique, d'autant meilleur qu'il est très-expressif du *facies* subéreux qu'il
présente : Suberites Domuncula Lmk. (sub *Alcyonio*,)

Mais elle n'est pas terminée du tout à l'égard de la *troisième* question : « Que sont ces trous, ces incisions virguliformes que Lamarck
admet comme *oscules (oblongis, subacervatis)* dans sa diagnose ? — desquelles Lamouroux ne dit *pas un seul mot* en 1816 dans ses *Polypiers
flexibles*, — qu'il fait figurer de nouveau en 1824 dans l'*Encyclopédie*
comme pouvant exister ou n'exister pas, — qu'il désigne pourtant
encore sous ce vieux nom d'*oscules* — et qui, finalement, existent bel et
bien, *semés comme par groupes*, ainsi que le dit Lamarck, dans les deux
exemplaires qui m'ont été apportés par M. Linder, et dans les quatre
vivants qui lui ont été tout récemment envoyés de Toulon ?

Ce sont, à proprement parler, des *piqûres de lancette*, qui ne dépassent guère un millimètre en longueur (à l'état sec) et qui, parfois rédui-
tes à la largeur d'une simple fente exactement *linéaire*, sont parfois
aussi très-sensiblement bâillantes vers leur milieu ou vers l'une de leurs
extrémités (et dans ce dernier cas rigoureusement *virguliformes*). Qu'il
soit presque nul ou un peu spacieux, ce bâillement laisse entrevoir le
tégument un peu luisant (membraneux ou testacé) d'une minime bestiole
qui y est logée et qu'on parvient à extraire à l'aide d'une aiguille ou
d'une lame de canif bien fines. La bestiole est toujours comprimée,
recourbée sur elle-même, libre dans sa logette où elle se présente
quelquefois couchée sur le dos, mais presque toujours le dos en haut.
En effet, on croirait voir une infiniment petite Crevette. Cette première
impression a été confirmée par le docteur Fischer, à qui notre diligent
collègue le docteur Souverbie, directeur du Musée de Bordeaux, nous
a rendu le service de faire parvenir l'animal encore *à l'état de vie*.

C'est un crustacé amphipode du groupe des Gammarides, voisin du genre *Gammarus* et lui appartenant peut-être; mais les très-nombreuses espèces que ce groupe compte dans la Méditerranée n'*étant pas encore faites*, la réponse de notre commun et savant ami a dû se borner à nous faire connaître que le petit animal, long d'un demi-millimètre en moyenne, ne fait que se servir d'un logement qu'il n'a pas eu le mérite de se façonner à lui-même; ce sont tout simplement les canaux aquifères du *spongiaire* qui le lui fournissent tout préparé pour son usage.

Plus hardis que nous, les pêcheurs toulonnais ne perdent pas leur temps à consulter les spécialistes, comme nous l'avons fait sans honte. Pour eux, on ne trouve dans le *Domuncula* que des Pagures femelles et en plein *état intéressant :* leur progéniture naissante a pour domicile légal ces piqûres virguliformes.

Mais les livres nous enseignent, contrairement à la susdite assertion, que *tous* les *crustacés* portent leurs œufs, en attendant l'éclosion, attachés en paquets et de diverses manières, soit suspendus sous l'abdomen et la queue de la femelle, soit renfermés dans un sachet particulier, simple ou double, formant un ou deux appendices qui font suite à la queue. Nous savons aussi que, tout particulièrement, les Pagures femelles ont soin de pourvoir, d'instinct, au succès de l'éclosion qui va avoir lieu, en se transportant d'avance dans des espèces d'enfoncements où s'accumule un sorte de sable coquillier formé principalement de très-petites coquilles univalves et mortes, dont chacune va pouvoir offrir un logement proportionné à un des enfants qui vont sortir des œufs. Celui-ci attendra dans son logement qu'une nouvelle année, en s'ouvrant, amène avec elle un premier changement de peau et la nécessité de trouver une habitation un peu plus spacieuse; car les mues de ces animaux sont régulièrement *annuelles*, et cette règle générale et bien connue, empêche tout d'abord qu'on tienne compte du préjugé des pêcheurs.

La *troisième* question ne conserve donc plus qu'un mince détail (le nom précis du Gammaride) au nombre des *obscurités* de mon sujet et, tout au contraire, elle répand une clarté nouvelle sur un objet bien curieux et traité, avec tout le charme dont il sait orner l'éminent talent et la profonde érudition dont il est doué, par l'illustre professeur Van Beneden, de l'Université Catholique de Louvain.

Rien de gracieux et d'instructif à lire, comme la Conférence que ce célèbre zoologiste a donnée au public dans une séance solennelle de l'Académie Royale des sciences de Bruxelles, le 16 décembre 1869, soûs ce titre : *Le Commensalisme dans le Règne animal.* — La science pratique la plus riche y brille à côté de la plus saine philosophie et fait honte à une autre science *boiteuse* qui, de notre temps, a fait trop souvent école : misérable production de l'esprit humain *mutilé*, cette *fausse science* qui ne veut pas de DIEU ou le relègue au fond d'un kiosque doré comme une pagode impuissante, méconnaît les DEUX parts dont se compose la science universelle! Elle veut bien, elle aussi, se targuer d'un peu de philosophie; mais pour faire triompher la cause de ce qu'elle nomme *le positif*, elle l'*isole* et va jusqu'à nier l'existence réelle de tout ce qui, en fait de sciences, est purement du domaine *intellectuel.* Elle ne sait pas — on ne veut pas voir que tout ce qui est *positif* tire toute sa logique et toute sa force de ce qui est *en dehors de la matière.* Mais, patience! le temps marche : Dieu qui a tout créé, a tout ordonné avec une sagesse infinie : chaque erreur passe à son tour, et la vérité est éternelle !

Je suis heureux de profiter de cette occasion pour rendre hommage à l'illustre professeur belge et faire remarquer qu'il a, le premier, enrichi la science d'une nuance de Commensalisme qui n'avait pas, à ma connaissance du moins, été remarquée avant lui. Dans l'une des savantes notes dont il a illustré la brillante conférence à laquelle je viens de faire allusion, il s'exprime ainsi (page 26 du tirage à part, p. 644 des *Bulletins* de l'Académie Royale des sciences de Belgique, 2e série, t. XXVIII, n° 12; 1869), note infrapaginale n° 10 :

« Outre les nombreux commensaux que nous avons signalés, on en » reconnaît à tout instant encore de nombreux. Indépendamment des » *Hydractinies*, on trouve également des *Alcyons* sur les coquilles ha- » bitées par les Pagures, et cette association est souvent si heureuse, » que le Pagure NE QUITTE MÊME PAS sa coquille, quand l'espace devient » trop étroit; l'alcyon forme à l'entrée UN VRAI VESTIBULE qui suffit au » Pagure pour mettre la partie antérieure du corps à l'abri. »

La récolte de M. Linder, à Toulon, nous permet donc d'ajouter un nom — celui du *Domuncula*, à ce recensement des Commensaux, déjà si riche, et le nom seul du Pagure nous manque encore pour que l'asso- ciation soit complètement signalée. Ces merveilleuses harmonies de la nature sont en effet si régulièrement combinées que, dans bien des cas, le nom de l'un des commensaux doit permettre à l'observateur d'en conclure avec probabilité le nom de l'autre. C'est ainsi qu'on lit dans la note suivante (n° 11) de M. Van Beneden, l'étonnante histoire du *Pagurus Prideauxii*, des côtes d'Écosse, qui a pour commensal principal une anémone de mer (*Adamsia palliata* « is almost a necessity » of existence to *P. Prideauxii*, » dit le lieutenant-colonel Stuart-Wortly), et je me permets de citer ce fait particulier, parce que nous avons ce même Pagure sur nos côtes, où il peut trouver aussi le *Natica monilifera* qu'il habite quelquefois, mais où M. Al. Lafont n'a pas eu encore l'occasion de citer l'*Adamsia palliata ;* celle-ci est une Cribrine d'Ehrenberg, de laquelle j'ai parlé plus haut sous le vieux nom de *Medusa palliata* Bohadsch, à l'occasion de l'*Actinia carciniopados* d'Otto.

Mon travail ne serait cependant pas aussi complet qu'il m'est possible — ni ma sincérité non plus, — si je n'ajoutais encore à cet exposé quelques détails :

1° Depuis son retour à Bordeaux, M. Linder a reçu en deux fois, de Toulon, 24 *Domuncula* parfaitement frais et contenant presque tous leur Pagure. Sur ce nombre il s'est trouvé *deux* Pagures d'espèces *différentes,* et ces deux espèces sont différentes, aussi, du Pagure rouge vineux et pourvu de poils qui habite tous les autres *Domuncula* observés jusqu'ici.

L'une de ces deux espèces est rouge aussi, mais d'un rouge plus vif et plus clair mélangé de jaune, et sa carapace est dépourvue de poils : c'est le *Pagurus striatus* Miln. Edw., Ann. des sc. nat. 2° sér. t. VI. p. 270. et Hist. des Crust., t. II. p. 219 (Méditerranée).

L'autre est parfaitement glabre également, et sa carapace est très-luisante.

2° M. Van Beneden ne donne aucun détail sur la forme et le trajet de ce *vrai vestibule* qu'il donne pour abri supplémentaire aux Pagures dont il parle. Le *vestibule* du *Domuncula* tend à s'enrouler autour de l'axe de la spire de la coquille, et à continuer pour ainsi dire le trajet de cette spire ; mais cette continuation est plus ou moins *irrégulière,* parfois *contournée,* et on trouve des individus chez lesquels cette continuation atteint jusqu'à *deux tours et demi* de spire complets. Il devient alors indispensable que le segment abdominal du Pagure (ce qu'on appelle *la queue* dans un écrevisse) acquière la faculté de s'allonger, et c'est ce qui arrive en effet (sans aucun accroissement dans le *nombre* des parties, puisque celle-là n'est pas *articulée* comme les autres divisions du crustacé) : M. Linder évalue à *trois fois et demie* la longueur qu'a acquise, *en sus de celle de la carapace,* cet allongement de la *queue* dans le plus long des individus qu'il a retirés entiers de leur *vestibule.*

§ III. — LOGEURS **FOSSILES** DE PAGURES.

Et maintenant, au moment de terminer cette notice, je vais remplacer les *obscurités* attribuées à mon sujet général et qui se trouvent en partie dissipées, par un fait positif, extrêmement curieux, inattendu et que je crois entièrement neuf, — par un fait dont la première connaissance et la première preuve m'ont été fournies à la fois, le 10 novembre dernier (1871).

J'ai sous les yeux un très-bel exemplaire de ce que j'appellerai *provisoirement* un *Domuncula* FOSSILE (!), du subapennin de Salles (Gironde). M. le Dr Fischer avait déjà annoncé (loc. cit. p. 690), qu'il existe d'autres genres parasites *fossiles*, des Hydractinies de Bordeaux (*Cellepora echinata* Michelin, Icon. Zooph. p. 74, pl. XV. fig. 4); c'est à l'un des chercheurs les plus assidus, et au plus heureux dans ses découvertes — à notre vice-président, M. le juge de paix Delfortrie, — que nous devons le précieux échantillon dont il s'agit. Le *Domuncula* vivant n'était alors connu d'aucun de nous. M. Delfortrie, dans le cours de ses persévérantes investigations en faveur des dents palatales de Raies, trouva dans les faluns sableux de Salles, une tubérosité uniforme ou, mieux encore, difforme et gibbeuse, munie d'un trou subarrondi, caractère unique et trop vague pour lui faire délaisser, même momentanément, l'objet *déterminé* de ses recherches. Il fit l'abandon de ce *rognon* à notre collègue M. Benoist — un autre chercheur infatigable. Celui-ci me voit occupé, le 9 novembre, à l'étude des deux *Domuncula* vivants et de couleur orangée rapportés de Toulon par M. Linder; puis il revient le lendemain, me disant « mais vous n'avez pas cela *fossile!* » et il pose sur ma table un exemplaire *pierreux*, plus gros que ceux de M. Linder (à peu près cinq centimètres sur quatre; ouverture sub-marginée en dedans, *gibbeusement* épaissie en dehors du côté extérieur, et de 12 à 13 millimètres de gueule sur 10). Cette masse irrégulière, sableuse, calcaire, est d'un poids très-faible et évidemment d'une friabilité très-grande.

L'identité *extérieure* étant parfaitement et complètement reconnue, sans le plus court instant d'hésitation, M. Benoist use de toute la rigueur de son droit de propriétaire (je n'aurais jamais eu le courage de m'exposer à pareil sacrifice!); armé d'un vieux canif, il attaque ce *Domuncula*, où je croyais trouver logé en toute probabilité un petit *Turbo rugosus* ou plutôt (à cause d'une dépression *ombilicale* qui me paraissait très-manifeste) un très-gros *Trochus magus*. Le parasite changé en sable calcaire blanchâtre et à peine aggloméré, se laisse facilement entamer, percer en tous sens, torturer enfin de toutes manières...........

Point de grosse coquille à l'intérieur! mais un large canal spiral, et à paroi assez bien polie (logement du *feu* Pagure!) tournant autour d'une robuste *columelle* de même substance sableuse, mais assez fortement colorée en ocre jaune.

Je me rappelai aussitôt ce que dit de son *Alcyon. parasitus* Defrance, dans le *Supplément*, p. 109, du tome 1ᵉʳ du *Dictionnaire des sciences naturelles* (1816) : « Je possède des coquilles de différents genres, trou- » vées aux environs de Plaisance en Italie, qui sont recouvertes en tota- » lité par cet alcyon, mais dont l'ouverture n'est pas fermée; « et il en conclut implicitement que l'alcyon a été le *logeur* d'un pagure; or, le cas est évidemment identique en ce qui concerne l'échantillon que nous venons de reconnaître à l'état fossile.

Je me rappelai surtout les paroles de cet illustre observateur; dans son article *Pagure* (Fossil.) du t. XXVII, pages 232 et 233 du même *Dictionnaire* (1825), — article dans lequel il remarque qu'on ne trouve pas, dans la craie de Saint-Pierre-de-Maëstricht, les coquilles qu'ont dû habiter les énormes Pagures dont on y rencontre les *pinces*, « parce » que très-probablement elles ont disparu, » et il renvoie, pour cette disparition, au mot *Pétrification* (t. XXXIX, pp. 243-307. 1826) sorte de *volume* où il traite à fond ce sujet tout spécial d'études . — Mais, sans aborder ces longues généralités, il me suffira de rappeler ici ce que dit encore Defrance de son *Alcyon parasite*, à la page 233 du 37ᵉ volu- me, déjà cité. Il y parle des turritelles et des rochers recouverts par cet alcyon « dans les couches du Plaisantin supérieures à la craie, et il » ajoute : On ne peut douter que les coquilles fossiles qui en sont cou- » vertes, n'aient servi d'habitation à quelque espèce de ce genre (Pagure) » qui a disparu dans cette couche. Dans ce cas, *le contraire* de ce qui » s'est passé dans la couche crayeuse de Maëstricht *serait arrivé* en » Italie, où les coquilles se seraient conservées quand les crustacés » qui les habitaient ont disparu. »

Le premier et le second de ces deux cas se trouvent donc dûment constatés dans les annales de la Science, et M. Van Beneden, dans son importante note nº 10 citée ci-dessus, a opéré leur *conciliation* pourrais- je dire, en exposant le fait de l'existence d'un *vrai vestibule* qui épargne à certains Pagures actuellement vivants la peine de chercher un nouveau domicile en remplacement de celui qui pour eux devient trop exigu. Je n'apporte donc à la question du Commensalisme qu'un seul document nouveau, lequel prouve que la même dérogation aux habitudes instinctives des Pagures était déjà, chez eux, *en usage* à l'époque pliocène.

Et en effet, à la place où M. Benoist, en brisant la masse sableuse, y cherchait la spire disparue d'une coquille présumée assez volumineuse, il rencontra des restes bien caractérisés du test d'une très-petite univalve (Ringicule ou Actéon) qu'il jugea avoir servi de domicile initial à ce volumineux Pagure ; de cette façon, le crustacé a grossi et grandi au fur et à mesure de la croissance de l'Alcyon qui a continué à lui fournir un abri proportionné à sa taille.

Il y a ici deux choses à considérer. — En premier lieu, ses deux pinces ne sont que très-légèrement inégales, et par suite il aurait pu sortir et changer de coquille s'il l'avait voulu : ce sont deux circonstances étrangères aux *habitudes paguriennes*, et à ce titre elles méritent d'être fort remarquées.

Qu'on y voie, si l'on veut, un effet dépendant de l'*idiosyncrasie* spéciale de certains Pagures, j'y consens volontiers ; car me souvenant de ce que dit M. Van Beneden avec une bonhomie aussi spirituelle que vraiment philosophique (*Commensalisme*, p. 9) : « Nous connaissons au » moins le mot maintenant, si nous ne connaissons pas la chose; » — mais il m'est impossible de ne pas être invinciblement porté à croire qu'il existe, dans ces deux caractères, une particularité d'importance *spécifique*, puisqu'elle est *constante ;* car on sait que les règles générales de l'instinct d'une espèce déterminée d'animaux sont *très-peu* sujettes à varier au commandement des cas individuels ou exceptionnels.

Pour achever l'exposition des faits, j'ajoute que le sable calcaire ou *magma* très-friable qui constitue ce que j'appelle *provisoirement* le *Domuncula* fossile, contient un assez grand nombre de valves séparées de petits acéphales du terrain subapennin qui renferme ce rognon. Celui-ci, lors de la fossilisation, a-t-il été *substitué* à la substance spongiforme qu'il a dû remplacer? C'est probable à mes yeux ; mais comme il n'a conservé extérieurement aucun caractère *intrinsèque* de différence spécifique, nous ignorons si ce *magma* informe n'a pas été mécaniquement formé par la simple coagulation des sucs organiques provenant de la dissolution du corps spongiaire : dans ce cas, ce ne serait plus un *fossile* proprement dit, et il ne mériterait plus de prendre place dans le catalogue des espèces animales.

Dans cette incertitude, nous avons dû chercher à nous procurer quelques éléments nouveaux pour une appréciation plus exacte. Mes yeux affaiblis et fatigués ne pouvaient porter le tribut de leurs efforts à ces recherches délicates ; mais trois de mes savants et zélés collègues ont eu la bonté de me venir en aide. M. Gustave Lespinasse a mis son excellent microscope de Naquet, l'habile expérience pratique qu'il a acquise de cet instrument, et son inépuisable obligeance au service de M. le Dr Souverbie et de M. Alexandre Lafont, et ces trois messieurs ont constaté les faits suivants, que le dernier d'entr'eux a bien voulu rédiger lui-même pour être consignés au procès-verbal de la séance du 10 janvier 1872 :

1° Le *Suberites Domuncula* vivant, de la Méditerrannée, traité par une solution bouillante de potasse caustique, a laissé un résidu qui, examiné au microscope (obj. 5 ; oculaire 1 ; grossissement 280 diamètres), a montré une masse de spicules isolés, très-longs, légèrement arqués, cylindriques, terminés à leurs bouts en pointe cylindro-conique très-courte ; ils sont *creux*, et leur longueur égale ou dépasse un peu le champ du microscope ;

2° Les spicules du *Suberites suberea* vivant, des côtes océaniques de la Gironde, traité par le même procédé, sont plus longs que ceux du S. *Domuncula* ; ils sont également cylindriques, légèrement arqués, mais leurs extrémités se terminent en une pointe longuement effilée ;

3° Des fragments du corps fossile trouvé à Salles par M. Delfortrie et communiqué par M. Benoist (indiqué ci-dessus provisoirement sous le nom de *Domuncula* fossile), après avoir été traités par l'acide chlorhydrique, ont laissé un résidu qui, examiné au microscope (même grossissement que ci-dessus), se montre composé d'amas de spicules réunis par leur milieu de manière à ressembler à une châtaigne ou à un oursin. Ces corpuscules sont de forme aciculaire et égalent environ le 12ᵉ de la longueur des spicules du *Suberites Domuncula* vivant.

Mais ce n'est pas tout, car voici un fait tout nouveau, plus récent encore que le précédent, et qui semble promettre aux *logeurs de Pagures* l'importance future d'une branche toute spéciale dans les études carcinologiques !

Notre collègue M. Alexandre Lafont, d'Arcachon, avait recueilli et conservait depuis 4 ou 5 ans dans ses tiroirs quatre rognons fossiles du falun subapennin de Salles (Gironde). Plus petits que l'échantillon précité et fourni par MM. Delfortrie et Benoist, ils ont absolument la même la forme générale, la même *facies*, la même ouverture subcirculaire pour l'émersion du Pagure ; mais leur section a révélé en eux une nature toute différente : au lieu d'un *magma* calcaire et privé de toute structure déterminée, ils nous ont montré la structure la plus précisément et la plus élégamment spécialisée. Ce sont des masses poreuses à vacuoles contiguës égales et régulières, qui n'ont absolument rien de commun avec les espaces vides et irréguliers d'un spongiaire ; et en effet, comme l'écrivait encore M. Fischer à M. Souverbie, on ne concevrait pas qu'une structure distincte pût laisser des traces dans un spongiaire formé uniquement de sarcode, qui est si facile à se décomposer avant sa fossilisation et entre-mêlé de spicules. C'est au contraire bien évidemment un *bryozoaire*, et on retrouve sur certaines cassures de l'ouverture et sur les surfaces libres qui se sont conservées sur quelques parties de ses parois, les STRIES *longitudinales* et les SECTIONS *horizontales — régulières* aussi, qui dessinent la forme des loges du bryozoaire. Celui-ci, envoyé de suite à M. le Dr Fischer par M. Souverbie, a été reconnu et déterminé par lui sous le nom de *Cellepora parasitica* Michelin, Iconographie Zoophytologique, pl. 78. fig. 3., fossile des faluns de la Touraine et de l'Anjou, « d'après des individus qui avaient entouré une coquille et qui en avaient pro- » longé les derniers tours. » (Fischer, *in litt.*, 16 janvier 1872).

Voilà donc une détermination bien authentique, mais qui a présenté aussi une circonstance singulière. La substance poreuse, examinée au même microscope par MM. Lespinasse, Souverbie et Lafont, leur a présenté, elle aussi, de nombreux spicules siliceux : ils font l'objet de la 4e observation, rédigée par M. Lafont pour le procès-verbal du 10 janvier et conçue ainsi qu'il suit :

4° Des fragments du *Cellepora parasitica* trouvé à Salles par M. Lafont, traités de la même manière que dans les trois observations précédentes, ont laissé un résidu composé, comme le n° 3, de spicules réunis par leur milieu et ressemblant aussi à de petits oursins. Ces corpuscules sont franchement *naviculaires* et égalent le 10e de la longueur des spicule du *Suberites Domuncula* vivant.

M. Lafont a ajouté, dans sa note pour le procès-verbal, les observations suivantes :

« 5° Des fragments d'un corps analogue, provenant du Muséum de » Bordeaux, ont donné des spicules très-ressemblants à ceux du fossile » de MM. Delfortrie et Benoist (n° 3), mais plus petits. »

« En présence de ces faits, M. Lafont dit que les corps fossiles des » faluns n'appartiennent positivement pas au genre *Suberites* et se ral- » liant à l'opinion exprimée dans la lettre de M. Fischer, il annonce

» qu'il se rappelle avoir trouvé des corpuscules analogues dans la partie
» corticale du pédoncule du *Pennatula grisea* : il s'engage à étudier la
» question sur les animaux vivants, dès qu'il sera de retour à Arcachon. »

Nous avons donc affaire à plusieurs corps fossiles très-différents
entr'eux ; mais, en ce qui concerne le n° 3, de Salles, il subsiste toujours
à mes yeux une grande cause d'incertitude, tirée de la non-homogé-
néité de structure du *magma* calcaire et fortement fossilifère qui
constitue la masse de cette *pseudomorphose de Domuncula* ; car le
Dr Fischer écrivait ces jours derniers à M. Souverbie : « On trouve des
» spicules dans tous les fonds de mer et provenant d'une foule d'épon-
» ges après leur décomposition. » La petitesse extrême de ces spicules
qui se fourrent partout, rend donc cette supposition fort applicable au
cas dont il s'agit, et il n'est point étonnant que le falun de Salles en
soit abondamment pourvu.

Avons-nous sous les yeux un fait analogue ? Il est encore *permis* d'en
douter, mais il est *sage* d'ajourner toute tentative de désignation spécifique : je suis du moins trop étranger à la spécialité de pareilles études,
pour en vouloir assumer la responsabilité en présence, surtout, d'un
individu unique. Je ne pousserai donc pas plus loin, pour ce fait spécial,
une étude pour laquelle je suis trop mal armé,

1° Parce que nous ne savons nullement si, dans ces basses classes de
l'animalité, ne se retrouverait pas la propriété, qu'on a déjà reconnue
chez les Foraminifères, de se perpétuer à travers plusieurs étages géo-
logiques et jusques à l'état vivant ;

2° Parce que nous n'avons jusqu'à présent aucun caractère *intrinsèque* distinctif à signaler d'une manière *certaine* entre le *Domuncula*
vivant et son *semblable* fossile ;

3° Parce que je me souviens fort bien que Marcel de Serres, dans la
visite dont il honora ma collection, encore bien restreinte, en 1822 ou
1823, me dit en examinant le *Bulla lignaria* de Basterot, que c'était
parmi les fossiles de Bordeaux qu'il avait eu l'occasion d'étudier, *le seul*
qui ne lui eût dévoilé *aucune différence appréciable* entre le fossile et
son analogue vivant. Or, évidemment, Marcel de Serres voulait parler
d'espèces assez volumineuses et assez bien étudiées, pour être certainement caractérisées pendant son court séjour à Bordeaux ; mais depuis
lors, bien des naturalistes assurément compétents font profession de
croire que bon nombre de fossiles *subapennins* se retrouvent *encore
aujourd'hui à l'état vivant*, et chaque jour nous apporte de nouvelles
preuves de la justesse de ces assimilations.

Nous sommes donc autorisés désormais à compter sur la reconnaissance future, dans nos faluns, de nombreux documents, en partie méconnus jusqu'ici , sur les *Logeurs fossiles de Pagures*, qui offriront certainement un intérêt tout spécial dans la nombreuse légion des ci-devant *polypiers encroûtants fossiles*.

Nous en connaissons déjà avec certitude, en outre de ceux que Defrance a vaguement indiqués, *deux* genres de natures fort différentes, puisqu'ils appartiennent, l'un aux *Hydrozoaires (Hydractinia* Fischer, loc. cit.), l'autre aux Bryozoaires *(Cellepora parasitica* Michelin , loc. cit.) : ce dernier a été décrit comme *spongiaire* dans le 27e étage (subapennin) du Prodrome de d'Orbigny, sous le nom mal appliqué de *Monticulipora echinata* d'Orb. 1847, et n'est autre que l'*Hydractinia echinata.*

En 1852, dans le 3e volume de cet ouvrage , d'Orbigny ne mentionne aucune espèce fossile du genre Alcyon de Lamarck, et n'indique aucun *spongiaire* dans son 26e étage (Falunien).

23 Janvier 1872.

NOTES SPÉCIFIQUES

SUR LE

GENRE POLIA (D'Orbigny)

VIVANT ET FOSSILE

Parmi les mollusques acéphales, on a longtemps délaissé le groupe des Solénacées, malgré l'élégance et la singularité de leurs formes, parce que, de la ressemblance de ces formes chez les coquilles, on a cru pouvoir conclure à la ressemblance des caractères essentiels de l'organisation chez les animaux qui les construisent. C'était une erreur et, lorsqu'on en est venu enfin à s'en apercevoir, les premiers travailleurs s'en sont tenus timidement à instituer des coupes sectionnaires ou sous-génériques dans le genre linnéen *Solen*.

Selon mon habitude, dont je n'ai jamais su ni voulu me départir avant que le mouvement, devenu général, ne fût *consenti* par le plus grand nombre des naturalistes, je suis demeuré au nombre de ces traînards de la science *multiplicatrice de genres*, lorsqu'en 1832, dans le t. V des *Actes* de la Société Linnéenne de Bordeaux (p. 92 et suiv.), j'ai publié une *Notice sur la répartition des espèces dans les genres* Solen, Solécurte, Sanguinolaire *et Solételline de M. de Blainville*.

Plus tard, ce mouvement s'est accentué et les classificateurs se sont jetés avec une sorte de furie sur le vieux genre *Solen* de Linné, pour le dépecer et porter dans l'étude fort malaisée de ses espèces un peu de clarté qui a fini, comme il arrive souvent, à se métamorphoser en un peu de confusion. — De proche en proche, on a fini par ranger *vingt-deux* genres — plus ou moins selon les auteurs, — sous cette bannière ondoyante et vague des Solénacées.

Notre grand conchyliologiste M. Deshayes qui, d'habitude, procède lentement dans l'adoption des coupes génériques afin d'arriver un peu plus tard à constituer celles-ci à telles enseignes que leur solidité devienne désormais inattaquable, — M. Deshayes, dis-je, commença d'abord à élever de prudentes digues contre cette invasion désordonnée de noms génériques nouveaux. Longtemps il se refusa à scinder ce genre *Solen* au premier aspect si naturel. Il ne voulut accepter ni *Ensis*, ni *Ceratisolen*, ni *Cultellus*, et n'accueillit plusieurs autres genres qu'à mesure que l'étude des animaux qui les habitent les rendît évidemment nécessaires. Peu à peu la lumière se fit, et ce fut souvent sous les opérations du scalpel manié par ses habiles mains qu'elle jaillit incontestable et incontestée aux yeux de tous. Les genres que je viens de nommer et de désigner implicitement furent reconnus bons et valables, et la famille des Solénacées se trouva définitivement constituée, après épuration, de telle façon que ses bases ne seront plus changées.

J'ai entre les mains ce beau CODE *partiel* auquel, en 1860, l'illustre professeur du Muséum a donné le nom de *Description des animaux sans vertèbres découverts dans le bassin de Paris, pour servir de* SUPPLÉMENT à son premier ouvrage (1824-1837) sur les *Coquilles fossiles des environs de Paris*, et j'y trouve la loi qui régira désormais ce beau groupe des Solénacées. *Sept* genres le composent (t. I, p. 146) :

Solen Linné, ayant pour type le *Solen vagina* Linné (S. *marginatus* Pult. *nomen antiquius*) ;

Ensis Schumacher.	*Solen ensis* Linné;
Ceratisolen Forbes et Hanley.	*Solen legumen* Linné;
Novaculina Benson.	*Solen siliqua* Linné;
Solecurtus Blainville.	*Solen strigilatus* Linné;
Siliqua Megerle.	*Solen radiatus* Linné;
Cultellus Schumacher.	*Solen cultellus* Linné.

Par suite d'une circonstance qu'il m'est absolument impossible de comprendre ou d'expliquer autrement qu'à l'aide d'une erreur originaire d'impression (qui se sera conservée par distraction parce que le nom du genre en question n'avait plus à reparaître dans tout le cours de l'ouvrage), — par suite de cette erreur, dis-je, les registres de l'état civil des mollusques me contraignent d'employer, pour le petit et élégant genre qui fait l'objet unique de la présente note, un nom (POLIA d'Orbigny, Paléontologie française; terrains crétacés; t. III. p. 390, 1843) synonyme de *Ceratisolen* Forbes et Hanley, qui n'est que de 1848, ainsi que l'a fait remarquer Hœrnes dans son grand ouvrage en 1855, t. II. p. 16.

Le genre *Polia* D'Orbigny n'a, à ma connaissance, qu'une seule espèce vivante, et elle est commune à l'Océan et à la Méditerranée. Ce
genre étant *excellent*, le fossile décrit sous le nom de *Solen legumen*
par Basterot en 1825 dans les faluns Bordelais, a été inévitablement
rapporté par cet auteur à l'espèce *vivante*, à laquelle elle ressemble en
effet beaucoup, quand on n'en voit *que l'extérieur*. C'est pour cette
raison sans doute que Hœrnes l'a figurée, pl. I, fig. 15 *a*, 15 *b*, vue
en dedans et en dehors (figure très-mauvaise, si ce n'est sous le rapport de sa silhouette et de son extérieur). Je n'ai jamais vu l'espèce
fossile que D'Orbigny mentionne sous ce même nom pour le terrain
subapennin, dans l'Astezan seulement (Prodr., t. III, p. 179, n° 284)!
Hœrnes cite, d'après Mayer, dans le *miocène*, à *Saucats*, le même nom
spécifique *legumen*, pour une espèce que je n'avais pas reconnue en
1832 et que je n'ai jamais réussi à voir depuis lors, si du moins il
fallait le croire *l'analogue fossile* de l'espèce vivante ; mais, je le dis
hardiment, *je ne crois pas un mot de cette assimilation*, et je suis
convaincu qu'on a pris pour *analogue* une espèce *excellemment distincte*
quoiqu'évidemment voisine de la vivante, et que je n'ai connue qu'en
1870. Rare, plus petite, fragile et très-difficile à manier avec sécurité
par cette raison même, il est plus que probable qu'elle n'avait été étu-
diée qu'extérieurement ou en fragments peu caractérisés dans leurs détails intérieurs, et que, par suite, elle a été *méconnue* depuis 1825,
époque de la publication de Basterot sous le nom de *Solen legumen*,
jusqu'à MM. Delfortrie, Benoist et Linder qui l'ont trouvée en bon état et
l'ont immédiatement jugée tout-à-fait distincte en la retrouvant en 1870
(comme Basterot avant 1825) à *Saucats*, — jusqu'à M. Linder qui l'a jugée
de même en la retrouvant bientôt après à *Cestas* (rive gauche du ruisseau,
en face de l'Église), — et jusqu'à moi-même qui viens d'en reconnaître
deux très-petits fragments (recueillis et confondus par moi avec les débris d'une autre mollusque, entre les années 1832 et 1860, dans le
banc de *Gradignan* exploré jadis par D'Argenville (1) ; — et cela *toujours* au même niveau, dans la partie supérieure la plus pure et la plus
fine des faluns libres du miocène supérieur (*Falunien B. D'Orbigny*).

C'est elle que je vais décrire avec tout le soin dont je suis capable,
après avoir discuté préalablement — et séparément — les caractères

----

(1) L'exploration de ce banc par D'Argenville est une tradition transmise aux naturalistes Bordelais par notre vénéré collègue M. Raymond *Péry*, mort en 1860, à
l'âge de 94 ans, et par conséquent presque comtemporain de l'explorateur mort, je
crois, seulement dans la 2ᵉ moitié du siècle dernier.

attribués (en bloc) au *genre* (supposé monotype) et à l'*espèce* en même temps (puisque D'Orbigny ne connaissait qu'elle seule).

Tout ce qui, dans cette discussion, sera imprimé en caractère *itali- que*, reproduira *textuellement* au complet et dans le même ordre tous les mots employés par D'Orbigny dans sa description originale de 1843 (*Paléontologie française; terrains crétacés*, t. III, pp. 390-394). Je laisse de côté, comme de juste, la diagnose *de l'animal*, et je n'extrairai d'abord de la description générale que les caractères *diagnostiques gé- nériques* du test, acceptés de tout le monde, mais augmentés par moi de quelques observations *entre parenthèses*.

Quant à la diagnose spécifique, qui suivra la précédente et qui sera également exposée *in extenso* et en italique, j'y ajouterai toutes les observations nécessaires pour faire distinguer l'espèce fossile de la vivante. Il me faudra être un peu verbeux; mais le sujet est neuf, délicat et compliqué par bien des inexactitudes successives.

DIAGNOSE GÉNÉRIQUE DU **POLIA** D'ORBIGNY.

Coquille allongée ou oblongue (ce dernier mot me semble inutile), *équivalve, inéquilatérale* (mais très-peu), *bâillante à ses deux extrémités* (également arrondies, la postérieure un peu plus large dans le sens vertical que l'antérieure). *Impression palléale pourvue d'un léger sinus anal* (sa profondeur atteignant à-peu-près l'à-plomb vertical du bord antérieur de la principale impression anale, d'où je conclus que l'épithète LÉGER n'est guère exactement appliquée à ce sinus). *Impressions musculaires superficielles, au nombre de quatre à chaque valve : une buccale, allongée* (transversalement), *triangulaire* (non ! il y a une autre impression entre elle et les crochets), *placée sous les crochets* dans leur extrémité antérieure seulement, et partant de là pour se diriger vers l'avant de la coquille); *deux anales dont une longue* (non pas longue, mais un peu allongée tranversalement, ou subtriangu- laire) *près du bord du ligament* (non pas près du bord, mais bien déci- dément en arrière du bord du ligament), *et une autre petite, oblique, divisée en deux parties, placée au milieu de la coquille; celle-ci sans doute propre aux siphons* (voir, dans la diagnose spécifique, tout ce que j'ai à dire sur la 1re et la 2e des impressions anales, que je ne con- teste pas EN PRINCIPE); *et une quatrième sous les crochets en face du liga-*

---

(1) Position dite *naturelle* par d'Orbigny, c'est-à-dire la coquille posée *vertica- lement* (la bouche *en bas*, l'anus *en haut*), les crochets placés *du côté de l'observateur*.

ment (c'est la 3e anale : [voir les détails dans la diagnose spécifique]). *Charnière formée sur la valve gauche* (1) *de deux dents divergentes, et de trois sur la valve droite. Une côte élevée, oblique ou transverse, part des crochets et s'étend plus ou moins vers le milieu de la coquille. Il y a également sur la région cardinale, du côté buccal, une côte longitudinale, interne* (le mot LONGITUDINALE n'est plus générique, car c'est là que se montre le caractère spécifique le plus saillant de la nouvelle espèce fossile : je le ferai ressortir avec tous les détails nécessaires). *Ligament externe appuyé sur des nymphes lamellaires. Un épiderme brillant dépassant la coquille* (et ne pouvant plus exister, comme de juste, sur le fossile).

DIAGNOSE SPÉCIFIQUE DU **POLIA** D'ORBIGNY.
(Rédigée uniquement d'après l'espèce vivante.)

Coquille allongée ou oblongue, équivalve, inéquilatérale, bâillante à ses deux extrémités.

Polia legumen d'Orb., 1843 ; des côtes de France, espèce *vivante*. — Rien de particulier à dire *ici* sur cette coquille commune, dont j'ai sous les yeux 18 valves océaniques ou méditerranéennes, jeunes ou adultes, dont 2 dépareillées et 16 appartenant à 8 individus complets.

Polia Saucatsensis Nob., 1871, des faluns libres supérieurs (miocène) de Pont-Pourquey, commune de Saucats (MM. Delfortrie et Benoist) et, au même niveau, commune de Cestas (M. Linder); espèce *fossile*. — J'ai sous les yeux *cinq* valves (dont une jeune) en très-bon état pour la charnière, une autre moins entière, une dont on ne voit que l'extérieur, et quelques menus fragments plus ou moins caractérisés. La coquille est très-allongée. Son côté buccal me paraît un peu plus retréci, proportionnellement, que dans l'espèce vivante, et certainement plus comprimé qu'elle ne l'est de ce même côté : elle doit donc être un peu moins bâillante. Ses stries extérieures (toutes d'accroissement) sont proportionnellement plus faibles que dans l'espèce vivante : aussi semble-t-elle lisse et fort brillante.

Impression palléale, pourvue d'un léger sinus anal.

Cette impression, très-ténue, à peine ondée dans son parcours, est parallèle au bord; le fond du sinus est limité par une ligne plus large que dans le reste du parcours. (Voir la diagnose générique pour ce que j'ai dit de la profondeur du sinus.)

(Fossile). Construite comme la vivante, pour son fond de sinus comme

pour son parcours, elle paraît avoir le sinus plus profond que dans l'espèce vivante, car, autant que la faiblesse des impressions permet de le constater, elle semble dépasser, *en arrière*, l'à-plomb vertical de l'impression musculaire (anale) principale.

Impressions musculaires superficielles, au nombre de quatre à chaque valve, savoir :

1° *Une buccale, allongée, triangulaire, placée sous les crochets ;*

Toutes les impressions sont difficiles à apprécier avec précision, à cause de leur *superficialité* plus ou moins grande. La buccale, qui est unique, est la plus apparente de toutes, striée fortement dans le sens de la longueur tranversale de la coquille quand celle-ci est adulte ; dans la jeunesse on ne voit guère que les stries radiantes (obliques ou verticales) vues par la transparence du test. — La description de D'Orbigny est, selon moi, *inexacte*, car l'*impression*, bien limitée, est en forme de ruban ou bandelette *(tæniiformis*, comme celle des *Lucines*, allant de l'avant à l'arrière de la coquille avec une légère courbure dont la convexité à peine sensible regarde le bord, au contraire de ce que montre la figure 3, pl. 225 de l'Encyclopédie, où cette convexité regarde le bord *dorsal* de la coquille. — Rien ne justifie à mes yeux l'épithète *triangulaire* que D'Orbigny donne à cette impression buccale, et Hœrnes qui la figure un peu trop courte, lui donne le *véritable sens* de sa courbure. Pour mériter le nom *triangulaire*, il faudrait que tout l'espace jusque *sous les crochets* fût occupé par l'impression buccale, et il n'en est rien. Il y a bien une très-petite cicatrice double sous cette petite pointe des crochets, mais elle appartient évidemment à l'extrémité antérieure de l'anale supérieure, extrémité séparée du reste de son étendue par la côte élevée transverse ou subtransverse dont il va être question plus loin (lorsque toutefois cette côte existe bien distinctement comme dans l'espèce vivante, tandis qu'elle est plus ou moins affaiblie ou effacée dans la fossile).

(Fossile).— Son impression buccale, de même forme que dans l'espèce vivante, est proportionnellement plus courte *en arrière*, parce qu'elle est limitée *en avant* par la côte interne et saillante *de la région cardinale*, dont il va être question quand j'aurai terminé la description des impressions *musculaires*. (Cette seconde côte, qui est ici la *principale*, n'est pas en réalité la plus importante des deux, parce que sa direction est variable et fournit ainsi un caractère purement *spécifique ;* je dois donc en renvoyer la description à la place que D'Orbigny lui donne dans sa diagnose générique).

2° *Deux anales* (elles sont trois en tout) *dont* :

1) *Une longue près du bord du ligament* ;

Très-superficielle et vague, elle est difficile à observer, et ne peut guère être vue qu'en faisant miroiter la valve sous le jeu de la lumière. Aussi a-t-elle été interprétée diversement dans le peu de figures que je possède du *Solen legumen*.

Dans la pl. 225 fig. 3 de l'Encyclopédie, elle est rudement accentuée, à la façon de toutes les anciennes gravures en taille douce et à hachures. Elle s'y montre très-grande, partagée en trois segments, par une ligne blanche et assez large, dont la partie centrale disparaît cachée sous la valve opposée (gauche) dont la figure montre l'extérieur. — Le segment qui, en réalité, semble correspondre à la vraie impression anale n° 1, représenté un triangle acuminé, dont le côté *dorsal* côtoie de très-près le bord du même nom, et dont l'*acumen* côtoie ce même bord en se dirigeant vers la partie postérieure du crochet. Ce compartiment du dessin ne mérite nullement l'épithète *longue* que lui assignerait la description de D'Orbigny. La dite épithète conviendrait *moins mal* à la figure donnée par Hœrnes (pl. I. fig. 15 *a*) : là, l'impression anale est faible mais bien déterminée, *ovale-oblongue* mais non *longue*, car elle l'est même moins que l'impression *buccale* téniiforme dont j'ai déjà parlé. Mais Hœrnes semble avoir pris le parti d'éluder la *difficulté* d'attribution et de description des deux autres impressions anales décrites dans le caractéristique de D'Orbigny, et à cette fin il a pris le moyen le plus simple qu'on puisse imaginer : il a tout bonnement sup-PRIMÉ *ces deux autres impressions anales*, ne faisant aucune mention d'aucune des impressions musculaires quelconques, soit dans sa diagnose générique, soit dans sa diagnose spécifique. L'*unique* impression anale qu'il figure et que je viens de mentionner est effectivement, dans l'espèce vivante, à-peu-près conforme à cette figure et à la mention qu'en fait D'Orbigny, et c'est son bord ventral qui circonscrit le fond du *sinus* de l'impression palléale. D'Orbigny vient de dire ce sinus *léger* : la figure de Hœrnes le montre au contraire *assez profond* puisqu'il atteint en avant, en moyenne, l'à-plomb vertical de l'extrémité extérieure de cette impression anale. Je dis *en moyenne*, car cette délimitation me paraît vague et variable : au lieu *d'atteint* en *avant*, il faudrait parfois dire *n'atteint pas* (dans des *vieux* échantillons de ma collection), et parfois *dépasse* (dans des *jeunes* échantillons de ma collection). On voit que malgré tous mes efforts, il faut que je m'en tienne, pour ce détail, aux *à-peu-près*.

Qu'on me permette de le dire : Tous ces détails vagues et ingrats ont été si peu rigoureusement étudiés par la plupart des auteurs d'ouvrages généraux qui ont tous prétendu donner la figure du *Solen legumen* (vivant) de Linné, qu'on voit Blainville (Manuel de Malacologie, pl. LXXX, fig. 1, sous le nom de *Solécurte gousse*) figurer *correctement* (ou à-peu-près) l'impression *buccale*, mais il semble la faire précéder en avant par une autre impression *téniiforme* et plus petite, qui ne peut exister en réalité. Il limite en arrière l'impression *buccale* par la *côte transverse* interne de D'Orbigny en la faisant diriger d'arrière en avant, tandis qu'en réalité elle se dirige toujours d'avant en arrière ; — et enfin il supprime (ainsi que Hœrnes !) *trois impressions anales* sur quatre, et donne à son unique anale la forme *triangulaire* courte et acuminée que lui prête l'Encyclopédie (*loc. cit.*). — Conclurai-je de là qu'il y a peut-être, dans ces figures, *deux espèces distinctes?* Non! car on peut bien dire que *tout le monde* a sous les yeux le même *S. legumen*, espèce très-vulgaire dans la Méditerranée comme dans l'Océan (ma collection, pour *les deux localités*, comme dans Linné, Gmel. Syst. nat. éd. 13ᵃ p. 3224, nᵒ 4). Il faut avouer seulement que tous ces détails sont vagues dans les coquilles vivantes, à cause de la *superficialité* des impressions, et difficiles à bien voir.

Les figures de Plancus (valves fermées) pl. III. fig. 5, et de Gualtieri (valves séparées) pl. 91. fig. A, ne montrent aucune trace d'impressions musculaires quelconques; toutes deux sont citées pour le *Solen legumen* par Lamarck (2ᵉ éd.). Maton et Rackett, non plus que Favanne et les planches de Brocchi ne présentent rien qui ait rapport à la question qui m'occupe ici.

Je ne possède pas d'autres figures du *S. legumen* vivant, et je n'en possède aucune de celui ou de ceux qui ont pu lui être rapportés comme analogues fossiles.

(*Fossile.*) Cette impression anale de l'Encyclopédie (nᵒ 1) limitée comme je viens de le dire pour la coquille vivante, à sa portion triangulaire, se retrouve nettement, mais uniquement à l'aide du jeu de *miroitement* à la lumière, sur la seule valve qui, parmi celles que j'ai sous les yeux, ait conservé en bon état sa portion *postérieure*. Je répète qu'elle ressemble beaucoup mieux à ce fragment postéro-supérieur du dessin fourni par l'Encyclopédie qu'à l'impression anale unique qui se trouve dans la figure donnée par Hœrnes.

2) Cette deuxième impression musculaire anale de D'Orbigny est ainsi caractérisée par lui :

Et une autre petite, oblique, divisée en deux parties, placée au mi-lieu de la coquille ; celle-ci sans doute propre aux siphons....

Après tout ce que je viens d'exposer d'incertitudes et d'appréciations diverses de la part de divers auteurs, il me semble que je puis, sans honte, avouer toute la vérité : malgré l'attention que j'y ai mise et les efforts variés que j'ai tentés, je dois dire franchement que je ne sais retrouver ni l'une ni l'autre des deux parties de cette deuxième anale de D'Orbigny, — ou plutôt, peut-être, que je ne réussis pas à la voir *distinctement*. Je suis loin de nier son existence, et je la confonds peut-être avec quelques-unes de ces traces obscures que j'aperçois tantôt ici, tantôt là, vers ce que D'Orbigny appelle le centre de la coquille. Armé d'une bonne loupe, j'ai fait miroiter en divers sens toutes mes valves et je les ai également observées par transparence ; mais je ne suis arrivé à aucun résultat *constant* et *certain*, bien que j'aie cru *parfois* apercevoir comme deux *gouttes* contiguës, placées en avant du fond du sinus, vers le milieu de la hauteur et vers le milieu de la longueur transversale de la coquille. Cela ne m'est arrivé, du reste, que pour des valves qui ont perdu leur transparence par l'âge et l'épaississement de leur test ; j'aime donc mieux, — de peur de mentir sans le vouloir, — prier qu'on me permette de ne rien affirmer, et de laisser subsister cette lacune dans l'exposition de ma présente étude.

(Fossile.) Je n'en vois non plus aucune trace dans les valves fossiles que j'ai sous les yeux, non plus que des deux sous-divisions que D'Or-bigny attribue à cette 2ᵉ et si problématique impression.

3) Cette troisième et dernière impression musculaire anale de D'Or-bigny est par lui désignée sous la seule indication :

Et une quatrième sous les crochets, en face du ligament.

Quant à celle-ci, je n'éprouve aucun doute : on la voit distinctement à tous les âges, lorsqu'on la cherche avec attention.

C'est une cicatrice un peu crispée, irrégulièrement linéaire, qui cô-toie de très-près, en dedans de la coquille, toute la longueur de la lamelle qui porte le ligament et l'épaississement qui porte les dents de la charnière, en passant *par dessous la côte transversale* (ma *barre dé-currente* de 1832), qu'elle dépasse très-peu dans la direction de la portion antérieure de la coquille. — Plus la coquille est vieille, plus on la distingue facilement.

(Fossile.) Mais, dans l'espèce fossile, où la côte interne cardinale prend beaucoup plus d'importance et de largeur, je ne puis réussir à voir l'impression *passer sous* cette côte et se prolonger si peu que ce

soit en avant d'elle ; peut-être cette côte, *en se courbant* dans la direction du centre de la valve, a-t-elle la propriété de *refouler* légèrement dans cette direction l'extrémité de l'impression, de façon à ce que cette extrémité ne se distingue plus du reste de son parcours ; et ce qui me le ferait croire (même *avec certitude*, puisqu'il n'y a plus de transparence dans le test du fossile), c'est qu'au-delà de la courbure de la côte, toute la largeur (plus considérable proportionnellement que dans l'espèce vivante,) du bord dorsal de la valve paraît complètement *lisse*. C'est encore là un caractère distinctif très-net entre l'espèce vivante et l'espèce fossile. (Pour bien comprendre ceci, il faut qu'on prenne la peine de lire ce que je vais donner de détails, dans le paragraphe relatif à la *côte cardinale*, organe dont j'ai déjà parlé en passant, et dont l'importance *spécifique* est capitale !

CHARNIÈRE *formée sur la valve gauche de* DEUX *dents divergentes, et de* TROIS *sur la valve droite.*

Cela est exact ; mais on peut ajouter :

1° Que ces dents, surtout celles de la valve droite, s'écartent souvent beaucoup l'une de l'autre ;

2° Qu'elles sont parfois bifides et presque toujours fort irrégulières de forme, ce qui s'explique par la grande friabilité de la substance de la coquille ; elles sont presque toujours ébréchées ou même frustes ;

3° Qu'elles me paraissent *proportionnellement* plus fortes, plus énergiques dans l'espèce fossile que dans l'espèce vivante ; mais, à cause de la friabilité du test de celle-ci, je n'ose pas établir comme caractère *spécifique* la différence qui *me semble* exister et qui m'avait d'abord fait naître l'idée de nommer l'espèce fossile *P. crassidens*.

UNE CÔTE *élevée, oblique ou transverse, part des crochets et s'étend plus ou moins vers le milieu de la coquille.*

C'est là la côte CARACTÉRISTIQUE de tout ce groupe de genres de Solénacées, qui n'y manque jamais, et qu'en 1832 j'ai nommé *barre décurrente*.

Elle se modifie parfois, 1° en *s'affaiblissant* comme dans le *genre Polia* jusqu'à disparaître presque entièrement, 2° en *se transportant* jusqu'à *l'extrême bord antérieur* comme dans les vrais *manches de couteaux* (genres *Solen, Novaculina, Siliqua, Cultellus* et même *Ensis* où elle est *excessivement* affaiblie).

Je veux profiter de cette occasion pour dire que le mot *barre*, qui convient bien mieux au *facies* de cet *accident* que celui de *côte* en ce qui concerne les espèces du genre *Siliqua* de Megerle (parce qu'il ne se traduit pas *à l'intérieur* ET *à l'extérieur* des valves comme dans les bivalves ordinaires), convient bien moins, au contraire, que celui de *côte* dans les vrais *manches de couteau* (parce qu'il y forme un vrai *pli du test*, qui affecte également *l'intérieur* ET *l'extérieur* des valves). On a donc bien fait de n'adopter que le nom *vague et général* CÔTE, et de rejeter ma proposition pour le nom *barre*, qui est trop *spécial*. — Je reviens maintenant à la *côte oblique ou transverse* dont parle D'Orbigny. Elle est *faible*, ai-je dit, et ne s'avance pas vers le bord ventral, dans le genre *Polia*, au-delà du *tiers* de la *hauteur* de la valve; elle se dirige, en partant du crochet, *obliquement, d'avant en arrière*, et forme un angle d'un peu plus de 45 degrés avec l'axe de la plus grande longueur de la coquille. Elle forme un *épaississement peu saillant*, comme écrasé et peu nettement limité sur le disque interne de la valve quand la valve est vieille, mais plus saillant et plus énergique quand elle est jeune.

Théoriquement considérée, cette côte devrait être dite *oblique ou verticale* plutôt qu'*oblique ou transverse*, puisqu'elle part de la base antérieure des crochets (bord *dorsal*) pour se diriger du côté *ventral* de la coquille. Elle sépare ainsi *fondamentalement* le côté *antérieur* du côté *postérieur* de la coquille dans le genre *Polia* comme dans le genre *Siliqua* Meg., mais non dans les genres *Solen, Ensis, Novaculina* et *Cultellus* puisqu'elle y est reportée avec la charnière à *l'extrême avant*, ni dans le genre *Solecurtus* où elle cesse totalement d'exister.

(*Fossile.*) La côte y est plus élargie, plus vaguement délimitée et moins saillante que dans l'espèce vivante, mais un peu plus oblique en dehors, ce me semble. Sa longueur proportionnelle est la même.

Il y a également sur la région cardinale, du côté buccal, une côte saillante, longitudinale, interne,

Cette 2e côte que D'Orbigny nomme *cardinale* et qui appartient entièrement à la région buccale est sublamelliforme, constante *dans son existence*, hormis chez les manches de couteau, où il ne reste plus de place pour elle, mais inconstante *dans sa forme et dans sa direction.* Parallèle au bord dorsal antérieur et *rectiligne* ou peu s'en faut dans le genre *Siliqua*, elle devient plus longue et constamment *rectiligne* dans le *Polia* vivant, mais *oblique*, plus ou moins *courbe* et extrêmement *énergique* dans le *Polia* fossile. — Il suit de là qu'elle contribue à circonscrire et à dessiner dans l'espèce fossile une sorte de triangle presque équilatéral, à angles mousses, dont la base des crochets figurerait le sommet, tandis que dans l'espèce vivante, il semble que cette figure se change en un long triangle fortement isocèle et *couché* qui semble avoir pour base (très-étroite) la *côte transverse* de D'Orbigny, que je viens de décrire.

La côte *cardinale*, dont il s'agit maintenant, est, dans l'espèce vivante seulement, très-saillante, sublamelliforme, se détachant *à angle droit* sur le plan de la valve, parfaitement parallèle au bord dorsal, et par conséquent *rectiligne!*

(*Fossile.*) Mais, au contraire, dans l'espèce fossile que je décris, elle est *oblique-courbe* (un peu plus ou un peu moins, je le répète), beaucoup plus énergique que la côte dite *transverse* qui part des crochets. La convexité de cette côte courbe regarde le bord dorsal de la coquille, et cette même côte diminue en s'élargissant un peu jusqu'au milieu de la hauteur de la valve, où elle se dissipe et disparaît sans atteindre le bord ventral.

Il résulte de ces deux côtes un caractère spécifique qui complique beaucoup l'énoncé des descriptions, mais qui distingue spécifiquement, de la manière la plus énergique, l'espèce fossile de l'espèce vivante.

Son importance est telle, à cause de sa courbure et de son volume, qu'on aurait pu se borner, pour la distinguer au premier aspect de la vivante, de la nommer *Polia bicostalis;* mais j'ai eu une raison spéciale pour choisir le nom purement *local* et *historique* SAUCATSENSIS, pour rappeler, où qu'elle puisse avoir été reconnue ou doive être reconnue à l'avenir, que cette excellente espèce a été, pour la première fois, distinguée spécifiquement, *à Saucats*, du *Polia legumen* vivant, avec lequel tous les auteurs, à partir de Basterot en 1825, l'ont confondue, quand ils ont eu l'heureuse chance de la recueillir soit en bon état, soit imparfaitement conservée.

Il n'est peut-être pas tout-à-fait inutile, dans le but de rendre les descriptions claires et précises, de faire remarquer une fois de plus et d'énoncer une fois pour toutes, que ces deux côtes (la *transverse* et la *cardinale*) suivent deux directions entièrement *divergentes*, la TRANSVERSE partant de la face *antérieure* des crochets et se dirigeant *sans courbure* vers le bord *ventral* de la coquille duquel elle se rapproche plus ou moins, marchant tantôt *verticalement*, (*Solen squama* Blainv.) tantôt *obliquement* d'arrière en avant (*Solen radiatus* Lam. et *Nahantensis* Nob.), tous trois vrais *Siliqua* de Megerle, tantôt d'avant en arrière (genre *Polia* D'Orb.), ce qui a pour effet de rendre l'impression buccale plus longue en arrière, plus *téniiforme* (1).

---

(1) Je profite de l'occasion qui se présente de citer le nom de mon *Solen Nahantensis* de 1832, pour rappeler que, d'après M. Nyst, Fost. tert. de Belgique, p. 47 (1843), j'avais été devancé par Say, dont je ne possède pas l'ouvrage et qui avait décrit mon espèce sous le nom de *Solen* COSTATUS (Americ. conch. pl. 18); le mien doit donc disparaître.

En second lieu, et par la même occasion, je reconnais que le nom de SOLEN (*Cut-*

Ligament *externe appuyé sur des nymphes lamelleuses. Un épiderme brillant dépassant la coquille.*

Rien à ajouter, sous le rapport spécifique, à ce double énoncé générique.

Il ne me reste qu'à faire voir, d'un seul coup-d'œil, en quoi l'espèce fossile diffère de la vivante. C'est dans ce but que je vais donner, non les diagnoses complètes, qui seraient inutiles ici, mais les caractères uniquement *diagnostiques* qui distinguent essentiellement ces deux espèces l'une de l'autre.

Polia legumen (*viv.*) Testâ *compressiusculâ*, sinu palliali *mediocri; costâ transversâ* (D'Orb.) *parùm obliquâ, crassiusculâ, robustâ; costâ cardinali* (D'Orb.) *sublamelliformi, longâ, rectâ, margini dorsali parallelâ.*

Polia Saucatsensis (*foss.*). Testâ *magis compressâ*, sinu palliali *vix profundiori;* costâ transversâ (D'Orb.) *magis obliquâ, tenuiori;* costâ cardinali (D'Orb,) *crassiori, breviori, plus minusve, incurvâ, obliquâ, ad medium circiter valvæ partem attingente.*

POLIA SAUCATSENSIS **Ch. Des M.**

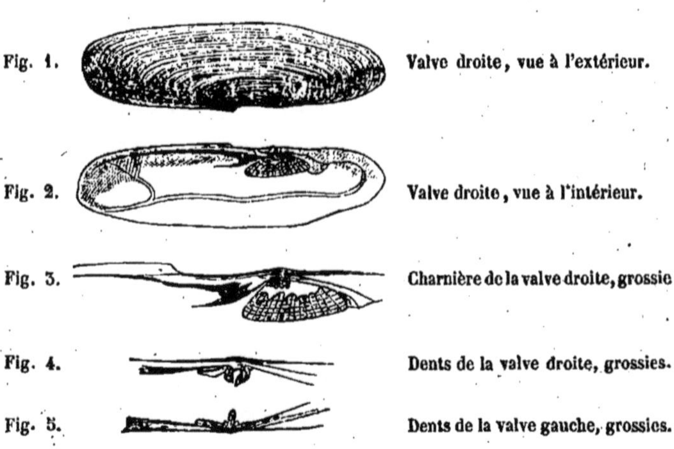

Fig. 1.   Valve droite, vue à l'extérieur.

Fig. 2.   Valve droite, vue à l'intérieur.

Fig. 3.   Charnière de la valve droite, grossie

Fig. 4.   Dents de la valve droite, grossies.

Fig. 5.   Dents de la valve gauche, grossies.

---

tellus) TENUIS Philippi, Enum. Moll. Sicil. p. 6. n° 4, pl. I, fig. 2, doit prévaloir quoique de *1836* seulement, sur mon S. VENTROSUS 1832, parce que je n'ai pu donner ni *description* complète, ni *figure*, tandis que Philippi a donné l'une et l'autre, lesquelles se trouvent aussi, d'une manière indubitable, dans le même ouvrage de M. Nyst, p. 46, n° 8, pl. I, fig. 5 a, a, b (optimæ). Je ne possède pas non plus le célèbre ouvrage de Philippi.

Afin de rendre mon petit travail aussi complet que possible, je crois devoir transcrire ici la description que Hœrnes donne dans son grand ouvrage, si généralement et si justement apprécié, du *Polia legumen*, qu'il cite :

Vivant, au Sénégal, sur les côtes européennes, méditerranéennes et océaniques de l'Europe ;

Fossile, dans plusieurs localités allemandes dont l'une (Gauderndorf), précédant immédiatement la citation de la figure 15 de sa planche I, semblerait avoir fourni le type figuré ; — en France, à Saucats ; — en Suisse, à Saint-Gall et dans le canton de Berne ; — en Italie, à Asti et à Castel-Arquato.

Mais cette coquille, considérée jusqu'ici comme unique dans son genre, est nécessairement fort fragile à l'état fossile surtout, et par suite difficile à observer bien complètement. Je crois donc pouvoir me permettre de dire — mais sans pouvoir l'affirmer — que la figure publiée par Hœrnes a eu *principalement* pour modèle un spécimen *vivant*, et j'ajouterai même qu'il me semble avoir été *peu étudié* en ce qui concerne les impressions musculaires, toujours superficielles et vagues, — conclusion qui me semble ressortir avec évidence des détails d'étude que j'ai exposés ci-dessus.

Voici la diagnose spécifique fournie par Hœrnes :

P. testa elongata, lineari, depressa (c'est *compressa* qu'il aurait fallu dire, le dos étant en haut et le ventre en bas), *utroque latere obtusa, lævigata ; cardine centrali, bidentato, dente altero bifido.*

Cela ne dit assurément pas grand'chose dans un genre qui n'est plus monotype, et je n'y ajouterai pas non plus grand'chose qui puisse aider à la diagnose de deux espèces de ce genre ; en transcrivant ici la description détaillée, en allemand, de Hœrnes, pages 17, 18, dont notre laborieux secrétaire général, M. Lindor, a eu la bonté de faire la traduction française.

« La coquille est longue, droite, très-mince et fragile, arrondie à ses deux extrémités (point tronquée comme chez les *Solen*); un peu plus large à l'arrière qu'à l'avant, presque équilatérale et comprimée ; la surface extérieure est, comme chez les *Solen*, entièrement recouverte de stries recourbées à angle droit qui, toutefois, ne se redressent pas brusquement, comme chez les *Solen*, mais se recourbent à l'extrémité antérieure parallèlement à cette extrémité. Deux dents, dont une est bifide, existent à chaque valve. Les deux empreintes musculaires sont très-rapprochées et placées très-près du bord cardinal ; l'antérieure est un ovale allongé en pointe; la postérieure, proportionnellement beaucoup plus petite, est située au-dessus du sinus anal. »

La figure très-exacte que je donne ici a été dessinée (à l'aide du microscope pour les détails des impressions et pour les dents) par notre jeune collègue M. E. Benoist, d'après un exemplaire de Pont-Pourquey (Saucats), et gravée sur bois par l'habile artiste bordelais, M. Gouillaud.

Maintenant que le genre *Polia* n'est plus monotype, il nous reste à savoir s'il devra être augmenté d'un *analogue fossile*, ou d'une troisième espèce.

48 Décembre 1871.

NOTE ADDITIONNELLE AU § II DE LA NOTE N° I.
(Page 20.)

Mes lectures ont été longtemps, par diverses causes, si retardées et si irrégulières, que je n'ai aperçu que lorsqu'il n'était plus temps de le citer dans ma Note sur l'Alcyon *Domuncula* de Lamarck, un passage du beau mémoire (Thèse pour le doctorat ès-sciences, *in* Annal. Sc. nat., 1870) de M. *Gaston* MOQUIN-TANDON, sur l'anatomie de l'OMBRELLE.

C'est dans le golfe de Marseille, dans les vastes prairies de grandes Zostéracées marines (*Posidonia*), qu'il a rencontré *le moins rarement* ce curieux mollusque, avec « de nombreux genres de Crustacés, parmi » lesquels domine le Bernard-l'hermite, toujours logé dans une coquille » revêtue d'une éponge ressemblant par la couleur et la grosseur à une » orange, et fort recherché, sous le nom de *pyade*, par les amateurs de » pêche, qui se servent de son abdomen comme amorce. »

Ce document me fait connaître deux détails intéressants et qui manquent à ceux que j'avais pu réunir, — l'abondance du *Domuncula* près de Marseille comme près de Toulon, — et le nom vulgaire, local, qui est donné par les pêcheurs marseillais au Bernard-l'hermite.

26 Février 1872.

CHARLES DES MOULINS.

BORDEAUX. — IMP. DE F. DEGRÉTEAU ET C°.